整体养育

陈忻——著

中信出版集团 | 北京

图书在版编目（CIP）数据

整体养育 / 陈忻著 . -- 北京 : 中信出版社，
2020.9（2021. 4 重印）
ISBN 978-7-5217-1551-4

Ⅰ . ①整… Ⅱ . ①陈… Ⅲ . ①儿童心理学—发展心理
学 Ⅳ . ① B844.1

中国版本图书馆 CIP 数据核字（2020）第 026645 号

整体养育

著　　者：陈忻
出版发行：中信出版集团股份有限公司
（北京市朝阳区惠新东街甲4号富盛大厦2座　邮编　100029）
承 印 者：三河市中晟雅豪印务有限公司

开　　本：880mm × 1230mm　1/32　　印　　张：12　　字　　数：250千字
版　　次：2020年9月第1版　　印　　次：2021年 4 月第4次印刷
书　　号：ISBN 978-7-5217-1551-4
定　　价：49.80元

出　　品：中信儿童书店
图书策划：知学园
策划编辑：姜晓娜 韩晗　　责任编辑：温慧　　营销编辑：张超 隋志萍 李雅希
装帧设计：page11　　内文排版：李艳芝　　内文插图：胖兔子粥粥 Zack西西爸

服务热线：400-600-8099
网上订购：zxcbs.tmall.com
投稿邮箱：author@citicpub.com

目录

contents

第二部分

Part 2 育儿的技能 做有智慧的父母

给所有焦虑父母的静心礼物

陈忻老师又出新书了！这个消息让我感到非常非常惊喜。

陈忻老师的上一本育儿书——《养育的选择》，我就曾给不少父母推荐过，这一次的《整体养育》看起来又有不少升华，让人非常期待。

陈忻老师一直是最优秀的那一类育儿作者：她能从根本的“育儿之道”出发，讲透原理，再以原理指导实际的生活，建立“育儿之术”。只有“道”没有“术”的作者是纯理论派，过于学术，与生活缺乏联系。而只有“术”没有“道”的作者，都是从个人经验出发总结，又不具备高度和普遍性。真能对科学研究有透彻了解，又能化为生活中的实用智慧，这需要大家风度，深入浅出，而陈忻老师就是这一类优秀作者。

这本书的结构，也体现出“道”和“术”的清晰脉络，从育儿的基础，到育儿的技能，清晰地体现了“由原理出发，向生活迈进”的思路。如果父母能够跟随这样的思路学习，不仅对育儿有莫大的帮助，相信对生活的方方面面也会有莫大的好处。

这本书讲到了育儿的四个关键点：早期母婴关系的基础性作用，父母可以不苛求自己，父母应该对孩子更感同身受，父母把孩子的成长理解为动态发展的过程。这四点确实也是养育过程中最核心的基本点。如果真的理解了这四个核心点的意思，并可以在生活中实践出来，相信一定可以构筑相当稳固、安全的亲子关系，能够给孩子更有力量的支持，也能与孩子有更深的沟通和情感联结。父母对自我的认知和放松，能够给自己更大的心理空间，因而也就可以给孩子更大的心理空间，更容易感受到孩子的情绪情感，也更容易心领神会——父母的理解和包容，永远是孩子成长的能量池。

陈忻老师的文字一如既往，既简练清晰，又点到了问题的实质，而我也一直很喜欢看她和两个宝贝的日常互动，既有趣又有爱。陈忻老师在生活中也是一位有趣有爱的妈妈，能实实在在地把理念落实到生活的细节中去。

相信这本书一定能帮助到大量对育儿有困惑的父母，它犹如一杯清水，可以缓解许多父母的焦虑。希望这本书成为这个春天送给所有家庭的最好礼物。

郝景芳（雨果奖得主、科普作家）

2020年春

从心理解孩子

几年前看《虎妈战歌》，为作者严格的育儿风格感到吃惊的同时，更为她女儿在这样环境下的“战斗力”感到吃惊。作为一个从小在截然相反的环境中成长的个体，不得不承认，虎妈的风格，我可能永远学不来，但也不得不承认，在虎妈毫不避讳的记叙里面，有着值得我们思考的内容。看了各种各样养育的风格和成长的方式，感叹父母和孩子、家庭环境千变万化的同时，我在微博上写了一段想法：

有的父母管，传递的是信念，培养的是品质；
有的父母管，传递的是焦虑，激起的是逆反；
有的父母不管，传递的是信心，培养的是自治；
有的父母不管，传递的是失望，造成的是自弃。

弄清这背后的“隐变量”，你就明白为什么对于有的父母来说，“管也不是，不管也不是”，而对于另一些父母来说，无论管和不管都是好的。

我们处在这样一个特殊的时代：信息史无前例地多，真知却一如既往地珍贵，甚至更为珍贵——噪声多了，万变不离其宗的知识就相对尤其稀缺。

陈博士的书，讲的就是万变不离其宗的知识。作为发展心理学的博士，笔耕不辍十多年（这是陈博士的第三本书），最近两年她又开了线上课程，和数百个家庭亲密接触，积累了大量的经验和反馈，深受学员好评。我和陈博士认识十年有余，深知她的为人，时效短暂的、肤浅的内容，她绝不会写，她写的是人的发展过程中那些根本的、一以贯之的东西。

人往往有一种心理，急于寻找和抓住“切实可操作”的东西，所以，那些菜谱式的育儿文章往往大行其道，因为迎合了大众的这一心理。他们不想听你讲那些基础的知识，“你就告诉我怎么做就完了”。做了之后效果不好呢？那就换一种再试试呗，而不去沉下心来思考本质的原因。其实仔细想想，这是很矛盾的。一方面，人们会说，孩子的成长只有一次；另一方面，却又急于求成，用未经审视的办法在孩子身上试错。一方面，人们会说，每个孩子都是独特的；另一方面，却又天真地期望一些简而化之的操作性育儿方法对所有孩子都适用。

在过去的五六年间，教育市场见证了你方唱罢我登场，各种像这样照方抓药的捷径式育儿理念：延迟满足、自控力、科学的表扬、坚毅等等。每个理念似乎都有研究表明和孩子未来某个维度上的结果显著相关，但却几乎无一例外，随着时间的推移一一退场。而那些不那么显而易见，不那么操作性强的因素，却常被忽视（如亲子关系，研究表明亲子关系可能是影响人一生发展的最重要的单因素——见本书第三章）。

毕竟，就像艾莉森·高普尼克（Alison Gopnik）在《园丁与木匠》一书中所表达的，孩子不是一块千篇一律且任人雕琢的木头，而是生下来就既有他独特的特性，又有所有人类都有的共通需求和旺盛活力的小生命。而理解什么是独特的，什么是不同的，是孩子的成长以及父母和孩子的关系等等一切的前提。

两年前，陈博士开始筹备线上课程的时候，我们一帮相识已久的老朋友给她出谋划策起课程名，我给陈博士想的名字是“从心理解孩子”。这个名字，既代表从“心”去理解孩子，也代表从“心理”去理解孩子，另外，“从心”也有谐音“重新”之意，大家还比较喜欢这个课程名的寓意。说实话，当时这个课程名是自动出现在我的脑海里的，因为我觉得它自然地体现了陈博士的育儿观。

相信你看完这本书之后，也能从心理解孩子。

刘未鹏（《暗时间》作者）

2020年3月25日

给你一幅儿童发展的全景图

如果你有幸翻开了这本书，那么恭喜，你发现了宝藏！

很多人在有了孩子之后，会面对一些同样的问题：我该如何养育我的孩子？我的养育方式是否合适？我们总是希望有一本教科书或者参考书，能够帮助我们从千头万绪中找到正确的方法和路径。然而，当我们真的去寻找时会发现，在这个信息大爆炸的时代，有大量互相矛盾、令人混淆的内容，要筛选出一本适合自己的入门书，并不是一件容易的事情。

面对如此繁杂的育儿信息，很多父母都发出了这样的感叹：虽然育儿书和育儿文章读了不少，然而非但没找到方法，反而平添了很多困惑和焦虑。我也是在阅读了大量的育儿书之后，通过慢慢筛选才发现：其实儿童心理学教科书是一个很好的知识来源。但对于大部分没有心理学基础知识的父母来说，这类书的阅读门槛并不低。

而陈老师的这本《整体养育》，为大家降低了这个门槛。

她为我们深入浅出地讲述了育儿过程中的各种方法、策略以及背后的理论基础。更重要的是，这些理论都是经过多年验证的学术研究成果，与我学过的心理学教科书中的内容可以一一对应，十分严谨，绝不是那种随意、自发的育儿心得。这些内容，即使孩子成长到十几岁，甚至成年以后，依然经得起推敲和考验。因此，这也是一本非常好的儿童心理学入门读物。它的好处在于：这本书可以帮助大家从学术的高度，对自己的育儿之路进行一个系统化、整体性的思考和探索。读完之后，我们就不会再纠结，今天对孩子说的这句话，做的这个安排究竟对不对，好不好。就像一个人在画画的时候，不会再纠结这一笔画得对不对，而会讲究一个整体的布局和效果。在儿童发展的这幅全景图上面，自然也是同理。

我常常听到很多父母感叹，自己在孩子小时候，这个没做好，那个没做好，导致现在遇到各种各样的麻烦。这说明，父母在育儿方面需要有一个长远的规划。我在育儿的过程中，也走过很多弯路。作为一个过来人，十多年的育儿经历让我不禁感叹：如果能早一点看到陈老师的书，该是一件多么幸运的事情，也许能帮我更早踏入儿童心理学的领域。

如果你也希望自己在十年乃至二十年之后，回望自己的育儿经历，不后悔自己对孩子使用的养育和教育方式，那么陈老师的这本以儿童心理学理论和研究为底子的书籍，显然是一个更为可靠的选择。

希望这本书能够像启发我一样，启发你作为父母的灵感，用更多、更巧妙的方式与孩子好好相处，拥有一个轻松、愉快、和谐的亲子关系，这也是良好育儿的根本。也祝愿每个为人父母的读者，都能拥有这样一份幸福。

Zack西西爸（知名母婴育儿博主）

2020年2月23日

推荐序

育儿中，“为什么”比“做什么”更重要

做父母需要很多支持，这是我——一个带着娃工作的妈妈强烈感受到的。

有一些支持是在生活中搭把手，让妈妈能留点时间给自己，还有一种支持是精神上的，让父母们看到育儿的更多可能，查漏补缺。

后一种支持，看似无形却极其重要，甚至能改变一个家庭的氛围和一个孩子的未来，因为它关乎信念。然而，在信息爆炸的时代，各路专家、各种书籍、各类课程，还有各色公众号都纷至沓来，又给父母们带来了新的烦恼——该听谁的。

其实去粗取精也不难，最关键的一点就是，看这位老师、这本书在告诉你如何做的同时，是否鼓励你进一步思考“为什么”。

做好父母，跟做好任何事情一样，都需要自己的眼睛和大脑同时在线。而陈忻老师，是一位不纠结于具体招数，一

心想带大家掌握心法的高手。

2018 年，我曾有机会跟回国探亲的陈忻老师和她的两个孩子同桌吃饭，席间我仔细观察他们之间的互动，第一时间想到的不是育儿理论 ABC，而是这样的亲子关系真的好舒服——有尊重、有关爱、有自由、有规则，并且收放自如，这是各种标题都给不了的直观感受。在饭团的课上，她总是不辞辛苦地一对一回答妈妈们的困惑。而在我们相识的社群里，她更是常常即兴来一场育儿讲座。

早年的求学经历，近十年的教学实践和育儿实战，加上成千上万次的问答积累，所有这些都有助于她理解孩子，帮助父母。陈老师的专业性无可置疑。

很幸运成为《整体养育》的第一批读者。在读完整本书之后，我对其中的一段对话印象特别深刻。六年级的大宝已经是个进入青春期的男孩了，陈老师有一天接他放学，他当着大家的面，主动冲过来拥抱妈妈，还把妈妈介绍给他的同学。后来，陈老师悄悄问大宝："你当着大家的面拥抱妈妈，不会觉得不好意思了吗？"他说："不会啊，为了别人不知道有没有的看法不拥抱妈妈不值得。"这段话让我心里暖融融的。

我心里的暖，正是来自大宝这种无条件的爱和独立思考的能力，而这也正是养育一个孩子最大的报偿。

在阅读的过程中，我头脑里反复出现的并不是心理学的专业术语，也不是什么时髦的育儿名词，而是生活里特别朴素的，你我都知道的那几个词语——理解、信任、将心比心和耐心等待。

没错，当我们跟孩子或者伴侣相处的时候，能够时刻把这几个词语记在心头上，落实到行动中，就不用担心没有一个暖融融的家。而这，也正是《整体养育》想要带给我们的最重要的养育目标。

我期待有更多父母能够从陈老师和她的新书中受益，在育儿之路上，少一些焦虑，多一些思考。

魏舒（资深童书翻译和策划人、公众号“怪兽小书局”主理人）

2020年3月5日

第一部分

Part 1

育儿的基础

做有准备的父母

育儿要练内功，
而不是疲于奔命地学招式

常常有父母带着各种各样的育儿困惑来向我求助，希望我能给他们一个答案，这个答案最好像灵丹妙药一样，用了以后就能“药到病除”。

我已经讲了十多年课，可以负责任地告诉大家：我手里并没有一个通用的公式，可以适用于每个家庭。但是，我可以帮助父母了解儿童发展的规律和特点，以及一些为人父母的原则和方法。

我想讲一个我的学生的故事。

一天，她要带几个 3~5 岁的孩子去参观图书馆。因为担心孩子们进了图书馆会乱跑乱叫，她提前告诉孩子们：大家进去后一定要排好队，不可以乱跑乱叫。但是，她预感只靠这样的规定可能还不够，于是想了一个游戏。她在图书馆外面画出一小片区域，并告诉孩子们：“大家可以在这片区域内

跑和叫，但是只要老师做出‘嘘’的动作时，你们就要立刻安静下来；当老师做出‘停止’的动作时，你们就要立刻回到老师面前并排好队。”孩子们很喜欢这个游戏，他们开始大喊大叫，并做出各种奇怪的动作，但只要老师做出“嘘”的动作，他们立刻就能按照事先说好的那样安静下来或者排好队。等到真正进入图书馆参观的时候，老师就用这两个手势来提醒孩子们，效果非常好。

很多人看到这个例子马上会说：“哦，游戏力！”不错，这确实是游戏力。但是，不知大家有没有深入地思考过这件事情的本质？这件事情之所以能顺利进行，最后的效果好，是因为成人非常了解孩子的特点——如果只是讲规则，孩子是无法做到的。只有采用更具体的办法，并且提前预演，孩子才做得到。由此可见，很多时候孩子其实是能够做得到的。很多父母抱怨孩子说话不算数，或者父母都讲道理了他们还不听，其实差别在于，父母是否理解他们，是否能用适合他们的办法来帮助他们做到。

近年来，“游戏力”这个概念在中国很火。很多人以为，所谓游戏力，就是用游戏来代替说教。其实，游戏力的根基在于理解儿童。如果没有这个根基，成人只是用所谓的“游戏”去实现自己的想法，主导孩子的意志，那不是真正的游戏力。

参观图书馆的例子告诉我们，这个老师理解孩子当前的能力，所以选择用具体的方法去引导孩子，而不是去纠正或者压制。前者是站在孩子的角度看世界，理解孩子并帮助他们更好地发展；后者是站在和孩子对立的角度，把孩子当作问题去解决。

由此可见，只要了解了儿童发展的规律以及为人父母的原则，很多事情就会迎刃而解。父母教育孩子，一定要抓住本质，而不是盲目地追逐形式。如果只是追逐形式而忘记了本质，那么不管多么先进的理念，比如正面管教、共情、游戏力等等，都只是换个方式去控制孩子而已。

我写这本书的目的，是希望帮助所有父母了解孩子发展的规律和过程，在了解“心法”的基础上，再学习一些为人父母的“招式”，也就是具体做法。我讲这些招式，并不是让大家一定要按着这些招式去做，而是，这些招式就好像是例题，希望大家通过这些例题真正理解心法，融会贯通。

这本书分为两个部分，我会在第一部分先教大家一些育儿的“内功心法”，也就是儿童的发展是什么、为人父母的基础是什么等最本质的问题。无论父母使用什么教育方法，都要符合儿童的发展。如果不学心法，只学招式（就像很多人希望的那样，教他几句话，教他在什么场景怎么做）是不行的。招式毕竟是有限的，而养孩子是一个动态的、个性化的过程。有限的招式应付不了动态的过程。如果学会了心法，再辅之以招式，父母就可以从自己的生活经历里源源不断地创造出特有的、适合自己孩子的育儿方式，这样才能融会贯通。

我在养育孩子的时候，也不是很在意具体的招式。但是，我在发展心理学领域积累这么多年所练就的“内功”，让我能够灵活机动地去解决孩子的各类问题。

我会在书中介绍很多具体的例子，帮助大家理解什么是育儿的内功心法。我希望大家能够从中学到这些做法背后的原理，而不仅仅是套用这些例子或具体做法。当然，如果遇到合适的情境，我们也可以借鉴别人的做法。

本书第一部分旨在帮助父母建立对儿童发展的整体认识。我会为你打开一扇窗，带你看一些以前可能没有看过的风景。无论是你以前不知道的、没想过的，还是被一些文章带偏了方向的，都没有关系。第一部分或许可以帮你重新审视自己的观念和言谈举止，掌握育儿的心法，回到理解儿童发展的大路上来，因为这是育儿的基础。

只有我们手里握着儿童发展的全景图，才能看清楚来路和去路，进而反思自己的养育方式，帮助孩子更好地成长。

不要用尽全力修剪

……一根枝丫。

第一章

多角度理解儿童的发展

本章的目的是培养父母正确的儿童发展观，即父母怎么理解儿童的发展。

父母怎么理解儿童的发展，会影响自己的养育态度和行为。本章将从儿童发展的三个维度、发展的时间线、平衡看待儿童的发展、发展的影响因素等方面来解释儿童的发展。希望父母在读完本章以后，可以看到儿童发展的整体性，并从整体的角度出发帮助孩子成长。

儿童发展的三个维度

儿童的发展由三个维度构成

我们总是提到儿童的发展，那么儿童的发展究竟指的是什么呢？

有人说，发展就是长大。比如年龄、身高、体重等的增长。

有人说，发展就是变化和进步。比如，朋友变多了，解决问题的能力进步了，等等。

这些回答都对，但是都不全面。

发展心理学对发展的定义，包括以下三个维度（见图 1）：

第一，生理发展。指身高、体重、大脑、激素水平等的变化，也包括动作技能的变化。

第二，认知发展。这是智力上的发展，包括注意力、记忆力、想象力以及语言能力等方面的发展。

第三，社会性与情感的发展。指人际交往的发展、情感的发展等方面，包括认识自我与他人、人际关系技能、情感的交流、友谊、道德和亲社会行为等方面的发展。

我们养育孩子，就是要促进孩子这三个维度的均衡发展。

发展的三个维度之间的关系

对于儿童的发展来说，发展的三个维度缺一不可。这三个维度不是独立发展的，而是相互促进、彼此交织、共同发展的。

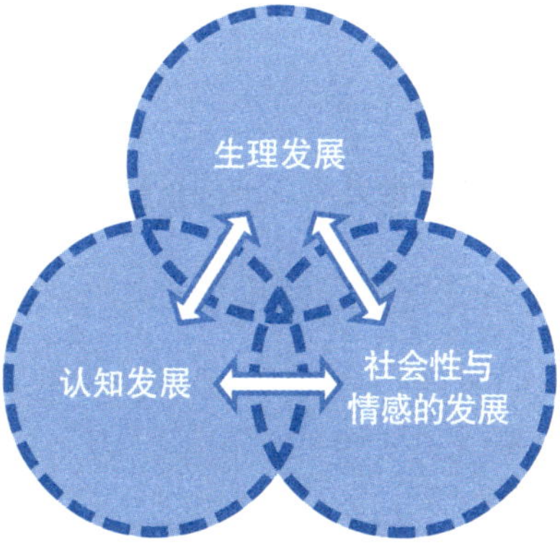

图 1　发展的三个维度之间的关系

举个最简单的例子。大脑的发育是生理维度的发展，这些生理上的发展又是孩子认知发展和社会性与情感发展的生理基础。正因为大脑的发育，2~5 岁孩子的注意力比 0~2 岁孩子有大幅度提高，情绪调整能力也比 0~2 岁孩子更好。注意力属于认知发展维度，而情绪调整能力属于社会性与情感发展维度。所以，我们无法割裂地去看待一个孩子的发展，不可能这个月专门培养认知发展，下个月突击培养社会性与情感发展。

再比如，孩子学说话从表面上看是语言发展，但实际上，语言发展是生理发展、认知发展、社会性与情感发展相互促进的结果。学说话，首先要具备正常的生理条件，并且需要认识一些事物，理解一些概念，这是认知发展。同时，学说话必须跟人交流，说话的一个重要功能是交谈，这是社会性与情感发展。所以，孩子学说话也是发展的三个维度相辅相成的过程，缺一不可。

理解三个维度的关系对育儿实践的指导意义

或许有人会问："这些跟育儿有关系吗？我为什么需要知道这些？"

了解这些对于父母来说非常重要，因为父母对儿童发展的理解，将直接影响父母的一举一动，直接影响父母怎么对待孩子。

如果说儿童的发展是一棵树，那么我们要关注的是这一整棵树，而不是其中一根枝丫，然后用尽全力去修剪这一根枝丫。这样不仅无法帮助孩子进步，反而可能阻碍孩子的发展。

有位妈妈非常发愁她三岁孩子的社交问题："我家孩子三岁了，特别胆小。我经常带她去各种游乐场所锻炼胆量，有时候一天带她下楼两三次，看到别的小朋友就会催她过去和别人一起玩。”

这位妈妈的做法，非但没有改善孩子的社交能力，相反，孩子现在一看到有别人，扭头就走。面对这种情况，这位妈妈越发着急了，认定孩子在社交方面有问题。

这是一个非常典型的用尽全力修剪一根枝丫却得不偿失的例子。妈妈越是催促孩子和别人一起玩，就越焦虑；妈妈越焦虑，孩子的压力就越大；孩子的压力越大，就越退缩。效果怎么会好呢？

2~3 岁孩子跟成人交往的经验多于跟同龄人打交道的经验。孩子一生下来，主要跟家里人打交道（其中大部分是成人）。成人会哄他高兴，带着他玩。至于怎样跟别的小朋友打交道，孩子需要在生活中慢慢学习，不能急于求成。2~3 岁孩子还不能主动跟别的小朋友一起玩，这是儿童社会性发展的正常现象。

如果父母能了解儿童的发展规律，并能从整棵树而非枝丫的角度看待孩子与同伴的交往，事情的发展也许会截然不同。

下面我会以此为例，从整体的角度来分析，父母可以从哪些方面来指导孩子与同伴交往。

第一，独立感。

随着生理的发展，2~3 岁孩子的动作技能正在逐渐发展和熟练，开始渴望独立做一些事情，并对自己的行为负责。这是由生理发展带来的认知发展和社会性发展。孩子开始认识到自己是一个独立的个体，希望发展独立感。

父母可以给孩子一些自己做事、自己做决定的机会。比方说，给孩子三套衣服，让孩子自己选择想穿哪套；或者给孩子两三样早餐，让孩子自己选想吃哪样。让孩子从小的选择开始，然后慢慢懂得：我可以对我的生活负责，我可以对我的行为负责，我可以做出一点决定。

第二，能力感。

让孩子有机会做一些力所能及的事，慢慢了解自己的能力，从而对自己有信心，产生能力感。通过这种尝试，孩子也会了解自己的能力边界：我现在可以做成哪些事情，但是还做不了哪些事情。了解自己能力的孩子，在面对新情况的时候也愿意试一试，突破自己的能力边界。

第三，良好的家庭氛围。

父母要为孩子创建良好的家庭氛围，让家成为一个值得孩子信任的安全基地，这样孩子才会有勇气去探索世界，并和他人交往。

这三点，看起来和孩子的同伴交往没有关系，其实却是孩子社会性发展的重要基础。如果一个孩子总是没有机会自己做一些事情，他怎么会想到主动跟别的孩子一起玩呢？他顶多在旁边看看，或者等着别人来邀请自己。如果一个孩子不知道自己有能力做哪些事情，就没有信心跟别的孩子一起玩，他可能会心慌："我不知道我可以做什么。"如果父母没有给孩子足够的支持，孩子也就不会信任自己的父母，自然也不会信任他人。

父母如果想要促进孩子与同伴的交往，先不要着急去催促他和别人一起玩，可以先从上面三点入手，循序渐进。

我家小宝小时候非常内向，刚上幼儿园的时候几乎不怎么说话。老师说，要是有别的孩子抢了他手里的玩具，他不哭也不闹，而是会换别的玩具玩。平时，小宝主要跟三个性格非常温和的孩子一起玩。

很多妈妈可能会觉得，小宝被别人抢了玩具都不哭不闹，太懦弱了，得教他学会反抗。可是据我当时观察，这件事情并没有对他造成明显的困扰。而且，他和三个性格温和的朋友玩得很开心。

在没有找到好的解决办法之前，我就只观察，按兵不动。不过，我在独立感、能力感和家庭氛围这三个方面给了小宝大力支持：在家里，尊重他的想法和情绪，培养他的独立感与能力感；出去玩的时候，让大宝陪着他，他会默默跟在大宝后面。到了 4 岁多，小宝终于敢开口了。在外面玩的时候，如果遇到别人插队，他会大声说："不要插队！"碰到不认识的孩子在玩沙堆，他会自己跑过去说："我可以来帮忙吗？"

我并没有在小宝内向这件事情上用力，而是花了两三年时间，从各个方面帮他做好准备。独立感、能力感以及在良好的家庭氛围下形成的人际关系技能，这些都是社会性发展。只要孩子在社会性方面整体都发展了，再加上生理和认知的发展，同伴交往这一小部分自然也就进步了。

用发展的眼光看待儿童的发展

在上节中，我们了解了从发展的三个维度去理解一个孩子的发展。我们还可以从时间线的角度去看待孩子的发展。父母要学会把孩子某个阶段的发展放到时间的长轴里去考虑。

儿童的发展是终生发展

按照发展的时间线，人的一生大致可以分为婴儿期、学步儿期、儿童早期、儿童中晚期、青少年期、成年早期、成年中期和成年晚期。每一个阶段都有其特定的特点，并且会随着时间而发展。我们要有这样的眼光，即儿童的发展是终生发展。学步儿期的发展不可能与婴儿期的发展割裂开，也不可能和儿童早期的发展割裂开。因此，我们既要看到孩子在某个时期的发展特点，也要看到这个时期的发展是建立在前一个时期的基础之上，同时也是下一个时期发展的基础。

比如，很多父母抱怨自己的孩子爱发脾气，认为他们的情绪控制能力有问题，一心想给孩子矫正，结果却造成更加激烈的亲子冲突，甚至形成恶性循环。

要知道，孩子的情绪发展需要很多年时间。0~6 个月大的婴儿有四种基本情绪：高兴、伤心、生气、恐惧。通过和周围人日复一日的互动，6 个月之后，孩子的情绪渐渐变得丰富多样。他们开始对不同的社会情境做出不同的情绪反应，并能逐渐读懂别人的情绪。到了 1 岁半到 2 岁期间，孩子发展出更高级的情绪——自我意识情绪。这和孩子自我意识的发展有紧密联系，包括羞愧、内疚、自豪等。这些自我意识情绪的发展，又和孩子的自我概念、自尊的发展相关。所以，孩子情绪的发展是随着时间步步发展，并和其他方面的发展环环相扣。

另外，孩子的情绪调整能力还和大脑的发育有关。大脑的前额叶是控制情绪和行为的，而前额叶要到 20 岁左右才能发育成熟。所以，父母要求一个两三岁的孩子学会控制自己的情绪，这完全超出了他们的能力。

由此可见，孩子情绪调整能力的发展和生理发展、认知发展和社会性发展是紧密联系的，并且需要长时间的发展过程。每当有父母问我："为什么我的孩子无法控制自己的情绪？"我就特别想请这些父母先反思一下自己：你的孩子才多大？你都几十岁的人了，不是有时也控制不住自己的情绪，吼孩子、骂孩子吗？如果成人都觉得控制情绪很难，为什么要强求那么小的孩子控制自己的情绪呢？

因此，父母首先需要做的，是了解孩子在各个发展阶段都有哪些特点，并为孩子提供温和的环境，支持孩子身心健康地发展。

儿童的发展是一个动态的、不断变化的过程

父母的大部分焦虑和恐惧，都是因为没有认识到儿童的发展是一个动态的、不断变化的过程。很多事情在几个月或者几年之后，都会产生变化。父母如果只盯着孩子发展的某一个点，并将这个点无限放大，最终就会产生雪崩式的焦虑。

比如，很多父母认为：孩子挑食是一个坏习惯，只有营养均衡，孩子才能健康成长。于是，家里的饭桌成了战场，父母和孩子打起了拉锯战，双方都很伤神。

关于这件事情，我有两点建议：

第一，父母可以先带孩子去咨询儿科医生，如果儿科医生认为孩子的发育曲线正常，就不需要再担心。父母只有先把自己的压力卸下，让家里的饭桌不再乌云密布，孩子的进餐心情才会好，才会愿意尝试更多食物。

第二，父母要牢记，这只是孩子人生发展的一个阶段，在孩子漫长的人生里，他们的口味可能会发生很多变化。

认识到这两点，会帮助父母减轻压力，从而更加接纳孩子，改变家庭氛围。

我的两个孩子口味各不相同，常常出现我做的一道菜，其中一个孩子不吃的情况。我会说："不爱吃就不吃，不过妈妈做了，你可以尝一口试试。"在没有压力的情况下，他们也愿意尝试一两口。慢慢地，他们能接受的食物种类就变多了。去年，大宝突然喜欢吃茄子了。他说："妈妈，我以前不爱吃茄子，现在我觉得茄子很好吃。"我说："对，因为我们的口味是会变的。"

在这里，我的育儿原则就是"将心比心"。我小时候不爱吃芹菜，也不喜欢喝西红柿鸡蛋汤，但上了大学以后对这两种食物都很喜欢。所以我从来不强迫孩子吃不爱吃的东西，这样我和孩子都没有压力。我的两个孩子现在几乎什么食物都愿意吃，连糙米都爱吃。

其实，就像人的口味会变一样，孩子成长过程中的很多事情也会发生变化。如果父母可以放下自己的执念，就会发现孩子在某个阶段的行为和表现，仅仅是那一段时间的而已，未来充满了各种可能。父母只有自己淡定了，才不会把焦虑传递给孩子，才不会给他们太多压力，这样很多所谓的问题就会逐渐消失。相反，如果父母特别在意，一心想强迫孩子去改变，反而会阻碍孩子的发展。

平衡看待儿童的发展

我上大学的时候，一直想找到一个完美的教育理论。然而学了这么多年，我终于明白：世上并不存在什么完美的教育理论，每个理论都是从某个角度出发去解释儿童的发展。每个理论在提出来的时候，都有它先进的地方，然而当我们不断去研究这个理论的时候，往往也会发现它存在一定的局限性。

因此，我们养育孩子，没有必要遵循某一种理论。如果只遵循一种理论，就很容易走极端。真正的养育之道是：客观地评价每个教育理论，取其精华，然后平衡看待儿童的发展。

怎样才能做到平衡地看待儿童的发展呢？我们先要了解以下三个基本问题。

先天因素与后天因素

儿童的发展，到底是先天因素决定的，还是后天因素决定的?

先天因素是指与生俱来的特征，即从父母那里继承来的遗传信息。

后天因素是指儿童成长过程中周围所有的环境，包括物理环境和人文环境。比如，学校教室的布置是物理环境，而学校老师的教学则是人文环境。

物理环境怎么影响人的发展呢?

比方说，美国的小学教室会分成不同的功能区，在同一个时间段，学生甲可能在阅读区阅读，学生乙可能在作业区做数学作业。这样的物理环境为孩子的独立学习提供了条件。而中国的小学教室是一排排的课桌，方便学生统一听老师讲课。两种不同的物理环境，对孩子的学习行为产生不同的影响。

人文环境怎么影响人的发展呢?

比方说，老师是和学生一来一往的启发讨论式教学，还是不容置疑的填鸭式教学，不同的教学方式，会对学生的思维和行为产生不同的影响。

在关于是先天因素还是后天因素起决定作用这个问题上，不同的学者有不同的看法。

比如，法国哲学家卢梭（Rousseau）认为，儿童天然知道什么是对，什么是错，他们有天生的发展时间表，时间到了，孩子自然会按着时间表依次成熟。而英国哲学家洛克（Locke）认为，孩子出生时是一块白板，他们的成长完全取决于怎么养育。美国行为主义心理学派的华生（Watson）和斯金纳（Skinner）同样认为后天因素起决定性作用，他们认为，通过奖励和惩罚可以塑造孩子的行为。

发展心理学研究到今天，我们认为儿童的学习和发展具有主体性，先天因素和后天因素是相互作用的。

那么，天生因素和后天因素到底是怎么相互作用的呢？

表观遗传学提出了很多观点，其中一个概念叫作反应区域（range of reaction）。反应区域的意思是，基因和环境共同塑造一个孩子，而每个孩子具有自身独特的特质，因此对环境所做出的反应是独一无二的。所以父母在和孩子互动的过程中，要去观察和判断孩子的反应。有的孩子需要特别丰富的环境才会发展到最佳，而有的孩子在一般丰富的环境里也能发展到最佳。每个孩子都是独一无二的，他们能发展到最佳的环境因人而异。比如，有些人可能理所当然地认为，对于孩子来说，玩具越多越好。但是，如果父母注意到给孩子太多玩具，他反而不知道该玩什么了，就应当减少一些。这才是对孩子更好的教育方式。

连续性与非连续性

婴儿刚开始只会发出一些声音，然后有一天他突然会讲清晰的单词了；婴儿本来不会玩假装游戏，然后有一天大人突然发现他在玩假装游戏。于是很多人会问：孩子的发展到底是怎么发生的？是突然地从无到有的呢，还是渐变的？

一种观点认为，人的发展是一种持续的、渐进的变化，即发展是量的变化。同一种技能慢慢变得越来越强，通常可以从数量上去衡量。比如，一个人的词汇量、记忆量，甚至大脑容量等方面的变化，都是数量上的变化。

另一种观点认为，人的发展是一种突变，而非持续性的变化，即发展是质的变化。比如，不同的思维方式，具体思维和抽象思维，不是数量的不同，而是性质的不同；再比如，解决问题的方式，这是质的不同，我们也无法用数量的多少去衡量。

目前我们认为，儿童的发展在某些方面是连续的，是量的变化；而在某些方面则是非连续的，是质的变化。

比如，很多父母都关心孩子的注意力，希望孩子可以在一件事情上持续保持注意力。我们可以用时间来衡量孩子的注意力，随着年龄的增长，孩子持续保持注意力的时间会越来越长。这是量的变化。我们还可以测出孩子能够同时注意到几件事情，也就是注意力的分配。随着年龄的增长，孩子能够同时注意到的事物会增多，这也是量的变化。那么，怎样才算是质的变化呢？婴幼儿在不断地学习新的事物，他们会很快注意到周围的任何新鲜事物，这有利于孩子的快速学习。而成年人已经有非常多的经验了，所以往往只注意到对他们有用的事物，而不再像婴幼儿那样关注所有新的事物。这就是注意力发展的质的变化。

如果父母了解儿童发展的这种连续性和非连续性，就会平衡地看待儿童的发展，而不会对诸如孩子注意力不集中等问题过于焦虑。因为对婴幼儿来说，注意力不集中是完全正常的现象。

单一性与多样性

有人认为，人的发展是单一性，所有人的发展都遵循着一定的进程。比如，瑞士儿童心理学家让·皮亚杰（Jean Piaget）认为，人的认知发展要经历四个阶段：感知运动阶段、前运算阶段、具体运算阶段、形式运算阶段。人类到了青少年后期，都会发展出抽象思维。但是后来的跨文化研究发现，这个理论也存在着一定的局限性。一个人独特的成长环境和所处的文化大环境，对个体发展的影响是千变万化的。苏联心理学家维果茨基（Lev Vygotsky）认为，由于文化的影响，并不是每个人都会遵循同样的发展进程，有的人一辈子都无法达到抽象思维。

理解发展是单一性的还是多样性的，还有一个角度。比如，有人认为，童年经历决定一切；也有人认为，人的发展充满了可能，后期经历对人的发展也很重要。如今，大量研究表明，人的发展并不是单一性的，而是多样性的。童年的经历对人一生的发展确实影响很大，但并不是说人的一生都由童年经历所决定。

我们举一个安全依恋的例子（第三章中会详细讲述母婴依恋）。研究发现，有些非安全依恋的孩子，如果母亲得到家庭或者朋友的有力支持，有可能转变为安全依恋。而有些安全依恋的孩子，如果家庭贫困，生活环境不稳定，父母压力过大，也有可能转变为非安全依恋。由此可见，孩子对父母的依恋，并不是一成不变的。

发展的多样性促使我们关注孩子的发展环境。每个人的发展都是其独特的特质和环境相互作用的结果。环境不同，成长的道路也可能不同。当代心理学家认为，正是这些不同的成长环境，塑造出了复杂、多层次的个体发展。

所以，早期的童年经历固然重要，但是青少年时期甚至成年以后的经历，仍然可以影响一个人的发展。比如，很多成人选择重新回到课堂修大学学位，这个经历就有可能改变他们未来的人生发展方向和道路。

通过对以上三个方面的介绍，希望所有父母都能平衡看待儿童的发展。这样的视角会让我们对孩子更接纳、更有耐心，也更能帮助孩子健康地成长。

影响孩子发展的因素

现在我们知道了，孩子的发展有三个维度，我们需要依据时间线，平衡地看待儿童的发展。那么在现实生活中，影响孩子发展的因素到底有哪些呢？

孩子的发展是各种因素相互作用的结果

我们都知道，父母对孩子的影响是非常重要且直接的（第三章中会详细讲述父母的影响）。然而，父母并不是影响孩子发展的唯一因素。在这里，我要为大家特别介绍一个发展心理学的重要理论：美国心理学家布朗芬布伦纳（Bronfenbrenner）的生态系统理论（ecological system theory）。

布朗芬布伦纳认为，一个人的发展是他和周围环境相互作用的结果。

每个孩子都有自己特定的生理条件。比方说，我家小宝是早产儿，小时候经常生病，这就是他的先天生理条件。他在婴儿时期的大动作发展要比别的孩子落后一些，但是后来通过参加体育运动，这个差别到上学的时候就消失了。

每个孩子也有一些自己的先天个性。比如，小宝不喜欢足球等有身体冲撞的运动项目，所以他选择了棒球。这就是一个孩子以自己的方式和周围环境积极、主动地互动。

那么，周围环境指的是什么呢？布朗芬布伦纳认为，这是一系列复杂的环境系统，包括 5 个层面（见图 2）。

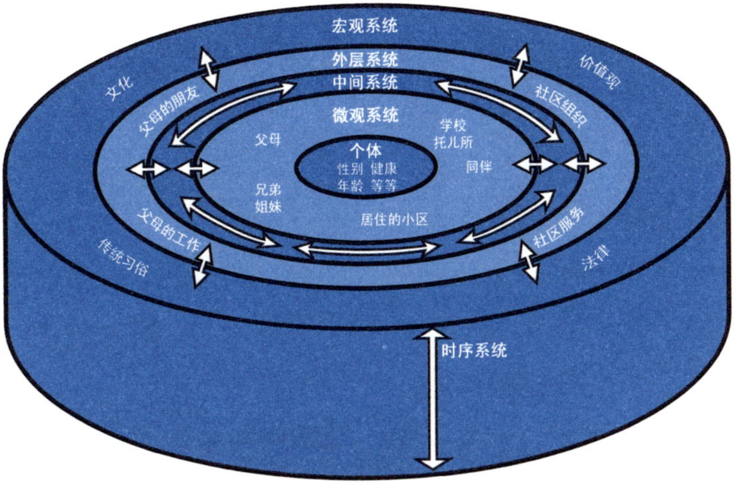

图 2 布朗芬布伦纳的生态系统理论模型

第一个层面是微观系统。

这个环境是指儿童生活的直接环境，包括父母、兄弟姐妹、学校、同伴，甚至居住的小区。儿童和这些人与环境的因素相互作用，共同影响着儿童的发展。

第二个层面是中间系统。

中间系统是指微观系统中各个因素之间的联系或相互关系。比如，父母和老师的沟通多不多，父母了解自己孩子和什么样的孩子在交往吗，等等，这都会影响一个孩子的发展。

第三个层面是外层系统。

外层系统是指儿童生活的社会环境，包括父母的工作、父母的朋友、社区的一些组织等。它不是直接环境，却会影响孩子在直接环境里的经历。比如，父亲由于工作变动，出差变多了，可能会影响孩子的发展。又比如，如果父亲或母亲的朋友或者其他组织能够给单亲家庭提供更多的帮助和支持，也会影响一个孩子的发展。

第四个层面是宏观系统。

宏观系统包括文化、价值观、传统习俗、法律等。比如，国家政策对有特殊需要的孩子是否有政策上的倾斜，这会影响孩子的发展；又比如，社会价值观的演变对孩子的发展也有影响。

第五个层面是时序系统。

时序系统指出了时间对一个人发展的影响。时间维度从大方面来说是社会变迁，我们每个人都会被打上时代的烙印，从小方面来说是指个人的人生事件。重要人生事件发生的时间点，也可能会影响一个人的发展。比如，兄弟姐妹之间年龄相差小和年龄相差大，会对一个人的发展产生不同的影响。

下面我们来做个假设：一个三年级的学生，父母离婚了，这件事情会如何影响这个孩子的发展呢？

下面我就运用生态系统理论来逐层分析一下。

第一，离婚事件直接影响了孩子的微观系统，因为他有可能跟父亲一起生活，也有可能跟母亲一起生活，也有可能在父母两边一个星期一轮换。这就有可能造成问题。比如，孩子可能会说，他在妈妈家做完作业了，而其实他根本没做。也有可能父母一方搬家了，孩子居住的小区环境和同伴等因素也随之改变了。

第二，离婚事件可能会影响中间系统。比方说，父母都认为对方已经跟老师沟通过了，而实际上却都没有。

第三，离婚事件也可能影响外层系统。单亲父母一个人带孩子比较辛苦，能否得到其他家庭成员或者社区的支持，也会对孩子产生不同的影响。

第四，从宏观系统来看，国家的离婚法律、人们对离婚的看法以及对婚姻做出的选择，都可能会影响孩子的成长。比方说，法律对离婚夫妻的抚养权的规定，决定了孩子跟哪一方生活，这会对孩子的将来产生不同的影响。

第五，从时序系统来看，对比 30 年前和现在，整个社会对离婚的接纳程度不同了，不同的接纳程度对孩子的发展会产生不同的影响。从小的层面考虑，离婚事件发生在孩子人生的第几年，对他们的影响也不同。也许在孩子小时候发生比在青春期发生要好一些。当然，孩子自己的个性，以及对父母离婚变故的接纳和适应程度，也会造成不同的成长结果。

从上面的例子可以看出，生态系统理论中的多种因素，都有可能在孩子的发展过程中对他产生或多或少、或直接或间接的影响。因此，孩子的发展是由他的自身条件和环境中的各种因素相互作用的结果。

整体理解孩子的发展

了解了生态系统理论后，我们该如何看待孩子的发展呢？

有些父母往往只盯着自己眼前能看到的几个因素，自以为已经做到位了。然而，还有很多父母当前看不见，也无法控制的因素，正在悄悄地对孩子产生影响。所以，父母要明白这个道理：养孩子并不是在温室里养花，可以控制温度、湿度等很多因素。因此，养孩子不需要像抓紧一把沙子那样，抓紧所有有限的、看得见的因素。孩子的发展是他和各种因素合力产生的结果。各种力一起作用在孩子身上，有的力大一些，有的力小一些，最后的结果如何，要看合力的方向。

比方说，很多人一方面离不开孩子祖父母的帮助，另一方面却担心祖父母对孩子产生不良影响，而且经常抱怨自己的孩子有问题是祖父母没教好。如果小家庭离不开祖父母的帮助，父母就少一些抱怨，多花一些时间和孩子相处，调整自己和孩子的关系，让孩子信任自己，让自己对孩子的影响更多。祖父母对孩子的影响，并没有一些父母想象中那么可怕。而且，孩子上了学，还会受到老师、同伴、媒体、互联网等多方面的影响。而父母的作用，就是为孩子提供条件和帮助。

本章小结

孩子的发展由三个维度构成，这三个维度不可分割、相辅相成、紧密联系、环环相扣。

孩子的发展是一个随时间而动态变化的过程，僵化地看待孩子的行为和表现，会传递焦虑的情绪，对孩子产生不必要的压力，从而阻碍他们的发展。父母要学会用发展的眼光来看待儿童的发展。

孩子的发展受到先天因素和后天因素的双重影响，这种发展既有量的变化，又有质的变化。发展的进程是多样化的，我们应该平衡看待儿童的发展。

孩子的发展是他的自身条件和周围环境多种因素相互作用的结果。因此，我们需要分析孩子的成长环境，权衡利弊，让合力的方向指向孩子发展的最优方向，这才是整体养育。

放下"完美小孩"的执念。

第二章

整体养育

从第一章中我们知道了，孩子各方面的发展是动态的、不可分割的，影响孩子发展的因素也多种多样，并且有直接影响和间接影响的差别。因此，我们必须用整体、平衡的思维方式看待孩子的发展。

本章的目的是希望父母做到整体养育。首先，希望父母抓大放小，改变自己的视角，从孩子的角度出发思考问题，了解孩子的能力、面对世界的感受；其次，把眼光放回自己身上，思考自己怎么能够帮助孩子更好地发展。同时，生活千变万化，我们经常会面临一些选择，父母需要权衡利弊，做到平衡而整体地养育。

抓大放小

孩子的发展是一个整体，并且充满了无数可能性。明白了这一点，父母才会站得更高，看得更远，逐渐学会从大的角度入手。

当我们从整体考虑问题时，很多问题可能便自然而然消于无形了。因此，我们要牢牢把握住孩子发展过程中的大方向，而对一些小细节、小问题，不需要过于担心或者一定要在短期内解决。

整体养育的前提：抓大放小

有位妈妈曾咨询我关于孩子的同伴交往问题。

她说："我家孩子每次到外面去玩，只要看到别的孩子就走开，一定要等别的孩子都走了才会去玩。"

我问她是不是给了孩子很大压力，她强调自己并没有给孩子任何压力。后来她告诉我，她经常跟孩子说：

“哎呀，你这么胆小，以后上了幼儿园，没人跟你玩怎么办？”

“你自己一个人孤零零的，别人都不理你了。”

这位妈妈给了孩子压力却不自知。试想：孩子经常听到这样的话，心里会怎么想？说不定都对幼儿园产生恐惧心理了。

这是一个很典型的例子。妈妈把自己的焦虑传递给了孩子，非但没有解决问题，反而阻碍了孩子的发展。

我请父母们先思考一下：你对孩子做的事情，是真的为了解决孩子的问题，还是只是为了解决自己的焦虑？

父母是不是真正接纳孩子，也许自己不清楚，孩子却最清楚。

我给这个妈妈讲了我家小宝的故事。我没有紧紧抓住小宝胆小的问题，相反，我从整体入手，培养他的独立感、能力感，尊重他的想法和感受，让哥哥做他的榜样。孩子在整体上发展了，后来不仅社交能力进步了，而且我们收获了更多。比如，我们尊重他的想法和感受，愿意倾听他的想法，他也愿意尊重和倾听我们的想法。上学以后，他对自己有信心，打下良好自尊的基础，也愿意尊重别人，也体现了一定的同理心和自我调整能力。

小宝的故事很能说明问题。父母站得高，才能看得远。父母如果能够从整体上来看待孩子的发展，孩子往往也能在各个方面平衡发展。我常常把孩子的发展比喻成一整棵树的成长，父母不要被一根枝丫扰乱了视线，乱了方寸。

要做到整体养育，前提就是要做到“抓大放小”。建议父母在看到孩子的一个问题，急于去解决它的时候，不妨往后退一步，想一想：如果从更大的角度去看，能看到一个什么画面呢？由此出发，慢慢练就抓大放小的解决方式。

怎么才是真正的“抓大放小”？

很多人可能会感到困惑：可我就是不知道怎么才算是抓大放小，这里的“大”指的是什么，“小”又指的是什么呢？

这里给大家讲一个故事。

一个妈妈带着两个孩子坐火车出去旅游。8 岁的姐姐和妈妈坐在一起，6 岁的妹妹本来和妈妈朋友的孩子坐在一起，后来坐累了，就坐到妈妈的身边想跟妈妈玩，妈妈挪了一下，不料占了姐姐半个位置。姐姐就用很不礼貌的话叫妹妹走开。妈妈听到后用眼睛瞪着姐姐说：“不可以说脏话，跟妹妹道歉。”姐姐没有道歉，妈妈坚持让她道歉。坐在对面的朋友问妈妈发生了什么事，妈妈说姐姐说脏话。朋友就问姐姐刚才说了什么，姐姐说自己只是说“请让一下位置好吗”。妈妈一听就怒气冲天，不能接受姐姐这样明目张胆的谎言。妈妈一直用生气的语气责骂姐姐。姐姐一直哭，但坚决不承认她说了不礼貌的话。后来两个人心情都平复下来，姐姐也道了歉。

这位妈妈事后问我：当时两个人这么僵持，她是不是哪里做错了？但是她思前想后，又觉得自己并没有做错，因为要抓大放小，说脏话、说谎肯定是大问题，肯定要让姐姐道歉。

关于这件事情的“大”和“小”，我和这位妈妈的看法并不相同。她认为姐姐说不礼貌的话、撒谎，这是“大”。而我眼里的“大”，是孩子的感受有没有被关注到。为什么这么说呢？

如果这位妈妈在刚开始就去考虑孩子的感受，将心比心，就不会出现后面一连串的不良反应了。姐姐为什么说不礼貌的话？因为她的位置被占了半个。一个 8 岁的孩子，一时情急说一句不礼貌的话，我觉得是可以原谅的。这个时候，如果妈妈注意到姐姐的感受，姐姐心里就没这么不痛快了。妈妈可以跟两个孩子商量，怎么坐才能舒服一些，让她们出主意。等把位置调整好了，大家心情都舒畅了，再悄悄跟姐姐说，以后不要说不礼貌的话。

如果妈妈能这样做，效果会完全不同。姐姐会觉得妈妈是通情达理的，自己被理解了，并且从中学到事情原来可以这么处理，以后不需要再用说粗鲁的话的方式来解决问题了，后面也就不会出现姐姐说谎的情况了。

父母的观念会影响自身的行为，从而影响孩子的行为。抓大放小，需要父母结合自己的价值观、生活经历以及所具备的知识去理解、选择和行动。

改变视角

我的微博和微信公众号，经常会收到很多父母的来信。这些来信都有一个共同特征：父母的视角都聚焦在“我的孩子有哪些问题，要怎样解决这些问题”，而没有把眼光转到自己身上，反思“我是怎么做的，我的行为对孩子造成了什么影响”。

比如，有个妈妈曾这样问我：“我的儿子 6 岁半了，刚上一年级，现在什么兴趣班都不想上，周末只想玩，怎么办？”

这个问题很难回答，因为在这个问题里，妈妈只描述了孩子的行为或者现象。我不知道这位妈妈和孩子 6 年多来的互动方式是什么。父母如果只看到孩子的行为，却从来不反思自己是怎么做的，这个问题就没法解决。

我给了这个妈妈一个提示：“你现在眼前的问题是，孩子什么兴趣班都不想上。我想知道的是，这六年多来，你有没有尊重孩子的兴趣？有没有提供条件去支持过他感兴趣的东西或事情？有没有鼓励他自己解决问题？有没有尊重他自由探索？有没有保护他的好奇心？兴趣班，自然是要先有兴趣。你想让他上你喜欢的兴趣班，还是他自己感兴趣的兴趣班？”

这个妈妈终于开始反思自己的行为：“我确实没有尊重孩子的兴趣，我不让他去学游泳、踢球，而让他去上我觉得有必要、和学习有关的兴趣班。”

只有父母改变，孩子才会改变

当发现孩子有“问题”的时候，父母不要只把目光放在孩子身上，而是应该将目光回转，先反思一下自己的行为。只有养成这样的看问题的视角，才能冷静下来，并通过改变自己，从而改变孩子。

如果只看行为，我也可以找出我家两个孩子的很多“问题”。他们和到我这里来咨询的父母口中的孩子没什么两样。

我家两个孩子刚开始上学的时候，每天早上也是磨磨蹭蹭，我经常要催：快点刷牙，快点吃早饭，不然要迟到了。不过我从来不进行人身攻击，只是就事论事。我知道孩子这样的行为很正常，这跟他们大脑的发育现状是有关系的，他们大脑的执行功能远远没有成熟，不能拿成人的标准去要求他们。另外，不能仅仅靠催，我还会跟他们讨论时间表，把商定的时间表列在墙上。到了三年级，两个孩子起床、刷牙、洗脸、吃早饭、出门，半个小时基本可以完成。虽然偶尔还是需要提醒一下，但人无完人，我提醒一下就好了。

如果我的眼光只聚焦到他们做事磨蹭，一定要让他们很快适应小学生活，不再需要提醒，那家里的气氛肯定好不了。家里的气氛不好，伤害亲子关系，反而对孩子磨蹭的问题毫无帮助。

所以，这里所说的改变视角，其实是指向父母的——作为父母，我们可以做哪些来帮助孩子。只有父母有了这个视角，先改变自己，孩子才会慢慢改变。

与其跟孩子讲道理，不如想办法解决问题

举个常见的关于作业问题的例子。刚开始上学的时候，大宝和小宝都不会管理自己的作业。有时候做完了，转眼不见了，就来问我："妈妈，我的作业在哪里？"我说："你的作业是你的责任，应该你来管啊！"

当然，我不能把眼光聚焦到这个问题上，而是应该思考：作为父母，我可以做些什么呢？后来，我就想了一些具体办法帮助他们：在桌子上放了两个小架子，和老师放在教室里的一样，写上标签，大宝作业放这一格，小宝作业放那一格。慢慢地，他们养成了习惯，到了三四年级，基本就可以管理自己的作业了。

整理书包也是同样的道理。我给他们准备了一张单子，上面列了书包里需要装的物品。孩子们对照这张单子，一一放进去就好了，做多了也就养成习惯了。

我认为对父母来说，最关键的是要问自己三个问题：

◆ 有没有去理解孩子而不是指责？

◆ 有没有耐心地帮助过孩子？

◆ 有没有用具体的办法帮助他们慢慢养成习惯？

很多孩子根本没有问题，都是这个年龄段正常的表现。但是父母沉不住气，眼里看到的都是“问题”，于是整天讲道理、唠叨、指责孩子，或者内心焦虑无比，只想一两天就让孩子换个样。这样做只会伤害亲子之间的关系，让孩子变得焦虑、不自信，甚至易怒，根本达不到帮助他们的目的，反而造成了恶性循环。

所以，父母一定要先改变自己看问题的视角，改变自己的行为，从而斩断这种恶性循环。

讲道理之前，优先考虑孩子的感受

很多父母比较急躁，觉得自己已经讲道理了，为什么孩子还是不改变，听不进去自己的话呢？一方面，孩子还小，父母仅仅靠讲道理就指望他们自觉做到，这是不现实的。另一方面，父母在讲道理的时候，有没有注意到自己讲话的方式和口气？有没有考虑到孩子的感受？很多时候，我们应该优先考虑孩子的感受，而不是讲道理。

大宝上五年级的时候，每周三放学后都有游泳训练，我都是到学校接上他就去训练。有一天训练完回家下车时，他忘记把作业夹子带走。第二天早上我有课就先走了。等他去上学时，发现没有作业夹子就傻眼了，他爸爸打电话说他急得都哭了。我上完课，正好下午没事，就把夹子送到他学校去了。放学的时候，我也没有责怪他，只是告诉他："下次下车的时候，记得把你的东西整理好带走，这是你的责任。"过了几个星期，他又忘记了。那一次我没送，因为我想让他自己承担后果，另外那天确实有事走不开。下午放学后，他沮丧地说："今天有作业要交，我没办法交。我跟老师说了，老师说没事，明天交了就好，不知道会不会扣分。"

我没有说："你看看，我说什么来着，早就告诉过你别忘记，你还是忘记了！"如果这么说，肯定会伤害他。我抱了抱他，说："真可惜！不过，如果老师真的扣分了，那也没有办法，好在只是一次作业，几乎不会影响你的总成绩。"

晚上，我给老师发了个短信说，"我没有去送作业夹子，因为我想让孩子自己去负责，有什么后果自己去承担"。老师表示理解。后来，大宝很高兴地告诉我，老师那次没扣他分数。

五年级那年，这种事情大概发生了三四次。我已经很满意了，哪能要求他次次都不忘？到六年级的时候，没有再发生过这样的事了。后来，他在评价自己五年级的老师时说："我的老师很酷，因为如果你忘记交作业，她不会表现得好像世界末日一样，她很冷静。我很感激她。"

事情就是这样，有时候父母一味讲道理，甚至责备孩子，只会激起他的负面情绪。孩子忘记交作业，自己已经很沮丧了，何必再去说他呢？父母和老师的宽容和信任，反而会激起他的责任感。而且，随着年龄的增长，孩子大脑的发育会越来越成熟，表现肯定会越来越好。最重要的是，在整个过程中，亲子关系不仅没有受到伤害，反而更加亲近了。

所以，我的孩子和经常给我写信咨询的父母的孩子并没有不同。那是什么造成了家长眼中孩子的不同呢？我想请父母们好好想想自己的态度、语言和行为。父母应该改变自己的视角，反思自己的言行举止，多从孩子的角度理解他们的认知水平和能力，然后用具体的方法来帮助他们。这些需要从小处慢慢做起，从现在做起！

权衡利弊，平衡养育

生态系统理论告诉我们，影响孩子发展的环境因素有很多。而我们作为父母，也有自己的局限性，比如：我们自己的成长环境和经历、价值观、婚姻状况等。并且，每个人还不可避免地受到社会文化环境的影响，被打上时代的烙印。因此，我们根本就没有办法控制影响孩子发展的每个因素，只能在自己能做的范围内权衡利弊，做出对孩子更有利的选择，做到平衡养育。

孩子的成长是各种因素相互作用的合力

很多父母在刚听到生态系统理论的时候，发现有这么多因素在影响孩子，会产生一种不可控的恐慌感。其实冷静下来就会发现，这些因素的影响有大有小，有直接有间接，而父母可以起到缓冲带的作用。父母在中间起到的作用不同，这些因素对孩子的影响很有可能就不同。从这个意义上来讲，其实生态系统理论中的外层系统和宏观系统各因素的影响，是我们间接可控的。

而且，孩子也是有自主选择能力的。孩子的成长是通过自己特有的方式，与各种因素相互作用形成的合力的结果。同时，在孩子小时候，亲子关系也是非常重要的影响因素。所以，父母可以用积极的方式来影响孩子。

举个我家的小例子。

我们有一年回国，孩子们无意间看到漫画书《阿衰》，顿时爱不释手，不认识的中文一定要问个明白。我为了让他们学中文，从国内买了 50 本《阿衰》。两个孩子从漫画书中学到很多地道的中文表达，对中文的兴趣也大大增加。我知道，国内很多父母不愿意让孩子看漫画，而《阿衰》也确实很无厘头，算不上教人积极上进的书。不过我还是允许孩子们看了，因为我不怕里面的不良行为会影响我的孩子。我跟孩子们讨论过这件事。我跟大宝说："你知道吗？中国很多父母不让孩子看《阿衰》。"他说："为什么？怕孩子学坏吗？可是阿衰经常逃课，考试又不及格，谁会想要学他！"看，家庭已经给了他一定的价值观，他的价值观不会轻易受一套漫画书的影响。

作为父母，我们不可能控制影响孩子发展的所有因素。但我们可以和孩子在长年累月的互动过程中，帮助他们做好去面对不同情况的准备。

父母不可能控制孩子成长的所有因素

可能很多人都看过迪士尼的电影《海底总动员》吧。尼莫的爸爸说："我不想任何事情发生在他身上。"多莉说："你这个想法很奇怪，任何事情不发生在他身上，怎么可能？"是的，我们无法阻挡时间和空间。孩子的成长本身，就是发生在他身上的事情。就算尼莫爸爸的意思是"我不想任何不好的事情发生在他身上"，这在现实中也是不可能的。

我们要认识到，很多事情根本就不在父母的控制之中。我们只能把自己这部分工作做好，努力给予孩子积极影响，并且在一定程度上化解其他消极影响，做好"缓冲带"。

从长远来看，孩子是一个独立的个体，他们有自己的思想、判断和意志，父母不可能一直给孩子创造和提供一个安全保护圈。孩子的成长就是在离开父母的保护圈后，通过自己的思考和判断，成为一个独立的人。

所以，当孩子小的时候，父母在为他提供支持和安全感的同时，还可以给孩子示范一些自己的处理方法。比方说，父母之间有不同的意见时怎么沟通，遇到意外的事情时怎么处理，等等。

没有完美的父母，也没有完美的孩子

有一些父母的焦虑，其实来源于追求完美的执念。这些都是来自父母的真实提问：

“我的孩子才3岁，特别有主见，穿什么衣服，穿什么鞋子，一定要自己挑的才穿，怎么才能改变他呢？”

“我每次问孩子的想法，他总是不吭声，太百依百顺了，怎么才能让他变得有主见呢？”

“我的孩子太胆小了，看到人总是不叫，往我身后躲。怎么办？真发愁。”

“我的孩子看到有客人来，总是人来疯。怎么改变他这种行为呢？”

当我把这些问题放在一起，你就会发现，这些父母的想法常常很矛盾。我想问：父母脑子里是不是有个完美小孩，一定要把自己的孩子和这个不存在的完美小孩去比，而且多一分嫌多，少一分嫌少？

世间没有完美的孩子，我们自己也不完美，父母只要把握住大方向，跟孩子有良好的关系，经常观察孩子，根据孩子的特点做出微调就可以了。希望大家能够放下执念，对孩子的发展有一个完整的认识，凡事都要分析，什么因素影响大，什么因素影响小，然后权衡利弊，做出利大于弊的选择，从而做到平衡而整体的养育。

贴近最近发展区帮助孩子

现在很多父母内心常常很矛盾：一方面，希望孩子得到最好的发展；另一方面，担心让孩子学这学那，把孩子压垮了。这样的父母往往看到别人家孩子的成就，就回家爆发一通，催孩子拼命学；催几天又实在执行不下去，或者遇到孩子反抗，就立马偃旗息鼓。这样的过程周而复始，父母和孩子常常精疲力尽，都非常不满。

我们都希望孩子能够得到最好的发展，但是什么才是符合自己孩子的最好发展呢？大家都知道要因材施教，但是我们心中的疑问常常是：如何做到因材施教，要求孩子的“度”又在哪里呢？

有些妈妈说，她的孩子在某方面好像挺有天赋的，是不是要多培养一下，别把孩子给耽误了。比如上了几堂钢琴课，老师说孩子接受快，孩子自己也喜欢练习，是不是要增加练习的时间呢？如果加太多，会不会物极必反，降低孩子的兴趣呢？

还有些父母说，他们家孩子资质平平，没什么特别的兴趣和特长，是不是就不用管了，放养就好。

在这里，我们需要抓住最根本的问题——父母的责任在哪里。不管孩子有多少天分，父母的责任都应该是，观察孩子——观察他的性格、兴趣、学习特点等，然后根据自己观察到的结果加以引导。所谓因材施教，就是这个道理。

有时候我们担心自己拿捏不好度，引导太过伤害孩子的兴趣。这就对父母有一个要求：不要拿自己的孩子和别人的孩子比。父母不能认为别人的孩子怎么样，你的孩子也要怎么样。别人的孩子可能这样要求不算过，但是你的孩子这样要求可能就过了，反之亦然。所以要基于自己孩子的特点和能力，切不可攀比。攀比的结果只会是父母焦虑，孩子焦虑。

最近发展区

苏联心理学家维果茨基认为，人的发展和学习应该发生在“最近发展区”。最近发展区是指，孩子现有的发展水平和孩子可能达到的发展水平之间的距离。也就是，一个孩子在目前自己无法独立做到，但是在他人的帮助或者指导下，能够做得到的发展范围。

怎样判断我们的引导和要求是否适合孩子呢？维果茨基

说，要找到“最近发展区”。父母和老师要能够了解孩子的现有发展水平，并对孩子可能的发展水平进行比较准确的预测。我们的引导和教学就在这个最近发展区进行，逐步给孩子增加挑战，并给予合适的引导，帮助孩子从最近发展区的下限，慢慢提高到最近发展区的上限。这个过程不是一步到位、立竿见影的，所以父母要有耐心。

打个比方，有两个孩子小 A 和小 B，他们年龄相仿，同时开始学钢琴，学了一段时间以后，两个孩子都通过了考试，水平是 P1（美国钢琴考试分 P1，P2……依次类推）。经过一段时间的教学和观察，老师发现小 A 接受比较快，而且记忆力非常好。因此，她给小 A 制定的考试目标是一年以后考 P4。P1 是小 A 的现有发展水平，老师根据他的特点和能力，预测一年以后他可以直接考 P4（可能达到的发展水平）。从 P1 到 P4，就是小 A 的最近发展区。老师要做的，就是想办法帮助小 A 从 P1 水平提高到 P4 水平。这个过程对小 A 来说，有一定的挑战性，却也是可行的。

孩子小 B 也通过了 P1 考试，从表面看，小 B 和小 A 当前的水平是一样的。但是，老师根据小 B 的特点和能力，给他制定的考试目标是一年以后考 P2。如果父母没有了解自己孩子的特点，认为别人是 P1 水平，自己的孩子也是 P1 水平，别人要考 P4，自己的孩子也要考 P4；那么在这个过程中，孩子就会很痛苦，因为从 P1 到 P4 的这个距离不是他的最近发展区。如果父母没有认识到这一点，而是不断加码、强迫，会有怎样的后果，大家可以想象到。

所以说，父母要学会观察，透过表面现象把握孩子真正的水平和能力，这样才能做到因材施教。

发展的三个区：舒适区、挑战区和恐慌区

从维果茨基的最近发展区概念出发，可以引申出三个区：舒适区（comfort zone）、挑战区（challenging zone）和恐慌区（panic zone）。

舒适区即现有发展区。孩子在这个区里最舒适，因为该学的他都已经会了。

挑战区即最近发展区。我们不断给孩子合适的挑战，让他在现有的水平上逐步提高。这其中可能会遇到一些挫折，但只要引导得当，孩子就能够突破自己现有的水平，做到符合自己能力的最好。

如果父母要求过高，无视孩子的现有水平和接受能力，强行给孩子加压加码，一旦超出了挑战区，就会进入恐慌区。在这个区里，孩子即使很努力了也达不到父母的要求，于是他开始对自己的能力产生怀疑和恐慌，最终导致无法面对挫折。

让孩子走出舒适区，进入挑战区

其实只要引导得当，大多数孩子都愿意尝试一些有挑战的事情。但是为什么有些孩子更愿意留在舒适区呢？很多父

母说，他们家孩子其实挺聪明的，各方面表现也都不错，但是他们知道孩子并没有全力以赴做到最好，大部分时候马马虎虎糊弄过去就算了。

很多孩子喜欢待在舒适区，是因为他们不必承受失败所带来的痛苦，也免于遭受追求成功的压力。这往往是由父母的态度造成的。研究表明，孩子对失败的害怕，往往源于 5~9 岁期间父母的影响。如果父母害怕失败，孩子往往也害怕失败；如果父母经常让孩子做一些力所不及的事情，孩子从中学到的就是对失败的害怕。

有些父母常常不由自主地在孩子表现好的时候有很多表达爱的行为，比如和孩子一起庆祝，给孩子买东西。而在孩子表现不太好的时候，却会和孩子一起生气、伤心，不知道怎么正确引导孩子面对困难。孩子只感受到来自父母的消极情绪，而感受不到真正的爱，往往会变得害怕失败，所以他的内在动力是尽量避免失败。只要能免于失败，他就不会再去追求更好的成绩。因为追求更好的成绩，需要突破自己的一些极限，这在他看来是一种冒险。对失败的害怕，和面对挫折的不知所措，让他不愿意冒险，甚至这些孩子还会害怕更好的成绩，因为如果得到更好的成绩，父母对他的期望立刻也会随之提高，这样的期望让孩子无法承受，也更害怕达不到提高的期望，所以压力很大。最终，孩子选择老老实实待在舒适区内。

所以，父母的责任是让孩子勇敢地走出舒适区，接受合适的挑战，进入挑战区。具体可以怎么做呢？

（1）从小培养孩子正确认识成功和失败。很多孩子害怕失败，是因为他没有认识到失败和成功的相互关系。失败的人不会永远失败，成功的人是经过很多失败的体验，从失败中学习才获得成功的。

（2）当孩子遇到挫折的时候，要引导他们积极看待问题。从挫折中他们可以学到什么，哪里可以提高，怎么提高。帮助孩子把因为失败导致的悲伤或者郁闷的心情转移到积极寻找解决问题的办法上，让他们从小学会评估自己的能力和水平。

（3）当孩子获得进步后，称赞他们为此所做出的努力和具体的一些做法、行为，让孩子获得成功的体验，懂得获得成功背后需要哪些品质和行动，而不是泛泛地称赞"你很聪明""你很努力"。

（4）父母还可以帮助孩子进行目标分解，把一个大目标分成一个个小目标。因为孩子不可能一下子达到大目标，要是总达不到目标，确实会很沮丧。当分成小目标后，孩子通过努力做到了，往往能体验到成功的喜悦，并增强信心，也会越来越愿意接受一些新的挑战。

同样道理，要让孩子对犯错有正确的看法。父母常常迫不及待地指出、纠正孩子的错误，给孩子传递了这样一个信息：犯错是不好的，是不能接受的。所以很多孩子对自己出错很不能容忍，对别人指出自己的错误也很抗拒。这样的话，就没有办法从错误中学习从而进步。

如果孩子有追求完美的倾向，父母可以潜移默化地帮助孩子破除这种没有必要的完美主义。我从小就告诉两个孩子："爸爸妈妈也是普通人，是普通人就会出错。"比如，我在读书的时候念错了一个单词，就会不失时机地告诉孩子："妈妈这里看错了，现在改过来。"孩子的钢琴老师偶尔有口误或者看错谱，我们也会告诉孩子："老师也是普通人，偶尔也会出错，看，老师现在看清楚，改过来了。"

慢慢地，孩子就会接受这个观念：出错没什么可怕的，关键是出错以后要改过来，从错误中学习。

孩子接受了这种观念之后，就能勇敢地接受挑战，因为即使失败也没关系，可以知道自己哪里需要改进。

注意不要把孩子逼进恐慌区

当孩子在挑战区的时候，父母不要让胜利的果实冲昏头脑，对孩子的期望一下子超过现实的能力。如果孩子有点进步，父母就立刻加压加码，孩子可能会因为受不了压力而退回舒适区或者进入恐慌区。进入恐慌区的孩子，其实已经很努力了，也很想达到父母的期许，可是因为父母的期望超过了他们现有的能力，所以不管他们怎么做都达不到目标。这会导致孩子对自己的能力产生怀疑和恐慌，从而无法面对挫折。

如果父母发现以下现象，就要反思自己的言行和对孩子的要求，看看是否把孩子逼得太过了：

◆ 孩子对自己的错误无法容忍

◆ 孩子过于追求完美

◆ 孩子在考试或者表演之前极度紧张、焦虑

◆ 孩子对学习和参加的活动完全没有兴趣

所以，父母要在日常生活中传递正确的观念，仔细观察孩子，积极和老师沟通，找到孩子发展的三个区，尽量让孩子在挑战区里发挥最大的潜力。

本章小结

整体养育是为人父母的大原则，希望父母能够改变自己的思维方式，从而做到整体养育，抓大放小，而不要一心揪住眼前的某根小枝丫，用尽全力去修剪这根枝丫，反而看不见整棵树的成长。

父母的思维方式和视角，会对情绪和行为产生重要的影响。很多父母的育儿状态总是显得力不从心，总是在补洞。那是因为他们的思维方式固着在孩子的“问题”上，看不到孩子发展的全景图。只要父母能够改变自己，多理解孩子，多从孩子的角度出发去具体帮助他们，这样的状况就能改变，孩子的状态也能随之改变。

当然，父母不是神，不可能把每件事情都做到完美、分毫不差。只要我们在看到孩子发展全景图的基础上，多去思考和权衡，做出利大于弊的选择就可以了。

怎么具体帮助孩子，怎么做出选择，我们可以参考三个发展区的概念，尽可能让孩子在挑战区成长。

适时的、有节奏的、恰当的互动，
就像是和孩子一起跳舞。

第三章

亲子关系是一切的基础

第一章和第二章为父母在整体养育的观念及思维方式上，做好了高屋建瓴的准备。本章的目的是帮助父母在亲子关系上打下扎实的基础。孩子来到这个世界，父母是他的出发港，孩子由此扬帆出发去探索新的世界。良好的亲子关系不仅对孩子的儿童时期有着深刻的影响，而且还会在孩子的青少年时期产生持续的影响。

这一章，希望父母明白，孩子需要建立对父母的信任和安全依恋，有了这个基础，孩子才会更加独立，更加愿意探索世界。亲子关系是一个双向的关系，需要父母和孩子共同努力，找到适合自己和对方的舞步。

父母是孩子的安全港湾

请想象一下，假如你是一个刚刚出生的婴儿，来到一个陌生而全新的世界，会有什么样的感受呢？

发展心理学告诉我们，0~6 个月大的婴儿有四种基本情绪：高兴、伤心、生气和恐惧。

婴儿初次面对这个全新的世界，难免会害怕。害怕了怎么办呢？他没有办法进行自我安慰，因为他的大脑、认知以及情绪还没有发展到这个程度。因此，婴儿必须找到依靠——一个能够给他安慰的人。这个人是谁呢？通常是妈妈。但在有些情况下，爷爷、奶奶、爸爸或者保姆，也会成为主要照料人。在这里，我将妈妈作为主要照料人。

如果婴儿知道，只要自己遇到危险，害怕了就可以回到妈妈那里，妈妈会保护他，婴儿最初的安全感就建立了。有了安全感，他就会大胆地去探索世界了。因此，婴儿的安全感是逐步从信任妈妈，从妈妈给予的安全感中发展出来的。

婴儿安全感的来源

我们应该怎么做，才能让孩子建立对妈妈的信任呢？

最关键的一条是，给孩子提供有规律的、可靠的、及时的照顾。只有妈妈为孩子营造一个稳定、温暖的家庭环境，孩子才会信任妈妈。

人们以前有个误解，认为父母及时回应宝宝的哭声，会让宝宝变得更爱哭。

美国心理学家爱因斯沃斯（Ainsworth）做过一个经典研究。婴儿在0~3个月大时，如果父母对他的啼哭做出恰当且稳定的回应（比如，排除引起孩子不舒服的因素，给予及时的反应），到了8~12个月大时，这些婴儿和那些父母反应不稳定的婴儿相比，不仅哭得更少了，而且人际沟通方式也发展得更好。因为这些婴儿不需要通过大声哭来引起父母的关注，这促进了他们其他交流方式的发展。比方说，虽然他们还不会讲话，却会利用自己的面部表情、身体动作、牙牙学语的声音等方式来与别人沟通。这些都是孩子人际交往技能的基础，这样的孩子未来也会更加独立。

相反，如果父母对孩子的需要反应不稳定，哭了后有时候管，有时候又不管，孩子就无法判断父母是否会满足他的需要。因为对父母不信任，他们反而会哭得更多。这些孩子的非语言交流技能反而发展得不够好，也会影响未来的人际关系。

有些妈妈很焦虑：那是不是孩子一哭，我就必须马上去抱他，否则就会给孩子留下心理阴影？要记住，这是长期的互动模式，而不是一两次的偶尔互动。只要妈妈给孩子的照料从长期来说是稳定而可靠的，即使孩子偶尔一两次哭了，妈妈来不及第一时间赶到他身边也没有关系。当孩子相信妈妈是可以依靠的，就建立了对妈妈的安全依恋（secure attachment）。

建立安全依恋，让家成为孩子的安全港湾

当孩子对妈妈建立起了安全依恋，妈妈就成为他们探索世界的强大后盾，孩子会对新事物保持好奇心，并积极探索身边的世界。这是他们学习的基础，也是他们适应新环境的基础。比如，当孩子在一个陌生的环境中，他可能会害怕和紧张，但是如果妈妈在身边，他就可以从妈妈那里得到安慰，从而不再那么紧张。这就是安全感。

很多父母可能也注意到这样一种现象。当孩子到了一个新地方，有时候玩着玩着，就会回头看一下妈妈，只要看到妈妈在，就会安心继续玩，仿佛妈妈是他的安全港湾。随着年龄的增长，即使妈妈不在身边，孩子依然会觉得自己是安全的。比如，孩子上幼儿园之后，几个小时的短暂分离并不会让他觉得害怕，因为他知道妈妈会来接他。而且在幼儿园，

孩子的活动范围和人际关系都扩大了，他们也开始学习跟妈妈之外的人打交道，这个过程如果顺利，他们会发展出更强的安全感。在未来的岁月里，这种安全感会支持孩子勇敢面对更广阔的世界，以及未知的人际关系。

美国心理学家哈洛（Harlow）曾说：什么是爱？当一个孩子受到威胁或者遇到巨大的压力时，他从谁那里获得安慰？谁能让他的心情平复下来？他在害怕的时候会奔向哪个人？那就是爱。孩子对妈妈最初的信任，当他和妈妈在一起时感到安全，这就是爱。

当然，有些妈妈可能会因为各种原因经常不在家，这时爸爸、爷爷或者奶奶等其他主要照料人也可能成为孩子安全依恋的对象。只要能为孩子提供稳定而可靠的家庭环境，这些孩子同样可以对爸爸、爷爷或者奶奶等人建立起安全依恋，也不会缺乏安全感。

安全依恋和安全感

孩子对主要照料人的安全依恋非常重要。当一个孩子对主要照料人形成稳定的安全依恋，这个孩子的安全感就会发展得很好。这就是安全依恋和安全感的关系。这一节想先带大家了解一下发展心理学对安全依恋的研究，以及对安全依恋和安全感的解释。

陌生情境实验

爱因斯沃斯设计过一个“陌生情境实验”，用来研究婴儿在陌生的环境中跟妈妈之间的依恋关系。研究者通过实验来观察孩子的三种反应：当陌生人进入房间的时候，孩子对陌生人的反应；当妈妈离开房间的时候，孩子对分离的反应；当妈妈回来的时候，孩子对重聚的反应。

陌生情境实验通常在孩子 12 个月左右做。通过观察大量孩子的行为和情绪表现，研究者发现：体现孩子和妈妈的关系，最为关键的是，当妈妈回来的时候，孩子和妈妈的互动模式。不同的孩子表现出来的行为和情绪不太一样。经过分析，心理学家把这些反应分为四大依恋类型。

四大依恋类型

（一）安全型依恋

安全型依恋的孩子，看到妈妈回来的时候会扑向妈妈怀里，并和妈妈拥抱。而且，这些孩子在跟妈妈重聚以后，能够很快平静下来继续玩玩具，因为他们的“安全基地”回来了。

（二）抵抗型非安全依恋

抵抗型非安全依恋的孩子，看到妈妈回来的时候会表现出矛盾行为：一方面，他们想要和妈妈亲热；另一方面，在妈妈亲近或者拥抱他们的时候，却又开始抵抗。妈妈回来后，这些孩子虽然很高兴，同时却也对妈妈的离开很不满，心里久久无法释怀。

（三）回避型非安全依恋

回避型非安全依恋的孩子，看到妈妈回来的时候会故意回避或忽略妈妈。他们会把自己的眼睛或者身体转开，而不去主动寻求安慰。当妈妈抱他们的时候，他们的双臂是下垂的，不会回抱妈妈。

（四）紊乱型依恋

研究还发现，有些孩子的行为无法归入前面三种类型，他们在与妈妈重聚的时候，今天的反应和明天的反应往往是不一致的。这一类属于紊乱型依恋。这可能是因为妈妈平时和孩子的互动毫无规律，没有形成一贯的互动模式。这些孩子的生活环境可能很恶劣，比如存在家暴、性侵等。有些孩子看到妈妈回来的时候，甚至会四肢僵住，反应明显不太正常。

早期依恋关系对孩子有持续影响，但不应过度强调

长期追踪研究发现，早期依恋对孩子的影响是有持续性的。早期属于安全型依恋的孩子，在上幼儿园、小学以及中学的时候，会表现出更强的好奇心，与同龄人的关系更好，能更有效地和同龄人玩耍，和老师的关系也更好。

但是，这个持续性是有条件的，要考虑孩子所处的环境以及孩子与环境的相互作用，也就是孩子的适应性。如果孩子所处的环境一直比较稳定，孩子就有可能沿用原有的模式。比方说，孩子在家里得到父母温暖积极的支持，在幼儿园里也得到老师温暖积极的支持，那他就会沿用原有的模式和他人互动。如果孩子所处的环境发生变化，那孩子就有可能改变原有的模式。比方说，孩子在家里得到温暖积极的支持，而在幼儿园遇到的老师要求比较严，孩子经过反复尝试，可能会与老师形成新的互动模式。

我们在前面讲过，一个人发展的路径是多样化的。早期依恋关系虽然对孩子有持续影响，但也不应该过度强调它的重要性。孩子随着年龄的增长，遇到的人会越来越多，人际关系会越来越复杂。同时，孩子和父母的关系也是一种动态、发展的关系，婴儿时期形成的那种依恋关系也可能会发生改变。所以，父母不要动不动就把孩子的一些行为归结为婴儿时期的安全感。比方说，孩子要妈妈陪睡，是没有安全感；孩子胆小，是没有安全感；孩子打人，也是没有安全感……

一个妈妈曾分享过这样一个故事。

“孩子小时候，只要我去上班，她就会哭得很厉害。有时候，哪怕我在家，只要家里的老人开玩笑说‘妈妈要走了’，她也会惊慌失措。孩子的爸爸情绪控制能力比较差，平时很少肯定孩子。而且孩子只要没有达到爸爸的要求，就会挨训。孩子现在已经 8 岁了，明显能感觉到她对爸爸的排斥和不信任，比如她不让爸爸去参加学校里的活动，而且遇到困难经常情绪失控、大喊大叫。孩子之所以这样，是因为她小时候我们没有给足安全感吗？”

8 岁的孩子有这些表现，不能简单粗暴地把原因都归结为小时候缺乏安全感。其实，这些表现跟孩子在过去 8 年的生活经历都有关系。爸爸的情绪控制能力比较差，喜欢训斥孩子，没有肯定她的自我价值，导致她对爸爸不信任。孩子出现上述种种现象，涉及她对自我的认知，对自己与他人关系的认知，对自己情绪的认知和调整，对他人情绪的认识和应对，以及自信心，等等。所以，安全感真的不是一个筐，我们不能把什么问题都往这个筐里扔。

总之，孩子在成长过程中出现的一些行为，往往是多个因素交叉作用、长期发展的结果。我们在分析孩子的一些行为或表现的时候，一定要从整体的角度出发，看到多因素，看到时间线。简单粗暴地用婴儿时期的安全感来解释这些问题是远远不够的，对于解决问题也没有任何帮助。我们还是要仔细分析各种因素，把孩子的发展放到多因素和长期发展这个全景图里去分析。

亲密与独立

很多父母都很重视孩子的独立性。他们让孩子自己吃饭、自己睡觉，甚至在孩子想和他们玩的时候，把孩子推开，让他自己去玩，生怕孩子小时候太黏人，长大后不独立。

这一节帮助大家了解一个新的理念：孩子和妈妈之间的亲密关系，与他日后的独立性发展并不矛盾，反而是相辅相成的。

亲密与独立相辅相成

当孩子感到焦虑的时候，或者受到惊吓的时候，妈妈给他安慰，抚慰他，让他感到安全，不再害怕。当他有了妈妈这个安全基地，觉得自己有了依靠，他就有勇气去探索新世界了。

孩子通常都有好奇心。但是，在感到焦虑或受到惊吓的情况下，他无法积极学习，因为这时大脑的首要任务是确保生存。孩子只有在感到安全的情况下，才有可能学习和探索。

因此，妈妈给孩子的安全感，以及跟孩子之间的亲密关系，都是他学习的基础，也是他发展独立性、适应新环境的基础。亲密与独立是相辅相成的。父母如果能经常关心孩子的感受，抚慰他，成为孩子力量的来源，亲子关系会更好，孩子日后也会更独立。

培养独立性，必须以亲密关系为基础

下面我选两个常见的问题，来说明亲密与独立并不矛盾。

（一）孩子黏人的问题

有的妈妈担心："孩子现在总是黏着我，以后会不会独立性很差？"还有的妈妈说："孩子总爱找我玩，我就尽量让他自己玩，以此培养他的独立性。"

其实，妈妈这样做并不能培养孩子的独立性。孩子小时候，还在不断认识与建立跟妈妈的亲密关系。这时如果妈妈急着培养孩子的独立性，反而容易让孩子感到不确定："妈妈到底爱不爱我？"所以，孩子就越发想要黏上来，越发要时时刻刻证明妈妈是爱我的。他需要从妈妈那里寻求这样的关注。如果妈妈在这个时候推开了孩子，既破坏了和孩子之间的亲密关系，也不能培养孩子的独立性。

（二）孩子睡觉的问题

有位妈妈来信说："为了培养孩子的独立性，我坚持让他自己睡觉，孩子分床睡的这三年半，几乎都是在纠缠和不痛快中入睡的。本来想培养他的独立性，结果却适得其反，增加了他的焦虑，吃手、咬指甲等行为一个接着一个来。”

要知道，独立性并不是通过独立睡觉来培养的。孩子独立性的发展，与他跟父母的亲密关系，从父母那里得到的安全感和尊重有关。

关于睡觉这个事情，每个孩子不一样。有的孩子愿意独立睡觉，那就让他自己睡；有的孩子愿意跟父母睡，如果父母强迫孩子自己睡，反而会阻碍孩子对亲密关系的需求，破坏孩子的安全感，最终伤害孩子独立性的发展。

说到底，关键还是看亲子关系如何。如果亲子关系好，孩子从父母那里得到了安全感，愿意信任父母，把父母当成自己的安全基地，无论是独立睡觉还是不独立睡觉，都不会影响孩子独立性的发展。

有些妈妈喜欢打破砂锅问到底：那孩子几岁自己睡比较好？

其实，养育孩子真的是一种选择，是基于一个人的认识、情感以及价值观的选择。每个孩子都不一样，每家的情况也不一样，所以并没有什么一刀切的答案。这就意味着父母要通过权衡利弊，做出利大于弊的选择。

我家的做法是，区别对待两个孩子。

大宝睡觉前，我们会陪他讲故事，讲完故事后他就睡着了，我们也可以撤退了。他晚上可以自己睡，就算半梦半醒，也能自己睡回去。

小宝不一样，他睡着后，如果半梦半醒，旁边有人的话，他就能自己睡回去；如果旁边没人，他就会大哭起来，吵得全家人都睡不着。

所以，我们做出的选择是，我陪小宝睡。我们认为，这个选择利大于弊，可以让全家人都睡好觉。

那么，我陪小宝睡是不是就损害了小宝独立性的发展呢？并没有。我们平时非常尊重小宝的想法和感受，鼓励他勇敢表达自己的想法和情感，这促进了良好的亲子关系，他在幼儿园也逐渐能够表达自己。就这样，孩子慢慢发展出了自我概念，能够肯定自我价值，这些对小宝独立性的发展都很重要。

在我家，独立睡觉和独立性发展不是捆绑在一起的事情。我的目标是，只要大家晚上都睡好觉就可以了。我们给大宝和小宝都准备了自己单独的房间。小宝 5 岁生日那天，觉得自己是大孩子了，决定以后睡自己的房间。不过，他晚上还是会经常跑到我们的大床上来睡。我根本不把这当回事。他要来，我们的主卧房门从来不锁。他就这样跑了一段时间。突然有一天，我发现他已经很久没有到我们的房间来睡觉了。现在，他睡觉前有时候会到我们的大床上来滚一滚，然后心满意足地就回自己房间睡觉了。有一次，我跟小宝说："我来陪你吧！"他说："不要了，太挤。"

所以，只要父母把爱给足，孩子随着自我概念的发展，逐渐有了独立的需求，就不会一天到晚要大人陪睡的。父母不要只看表面现象，认为孩子自己睡觉、自己吃饭、自己玩、自己走路，就等于独立。

父母可以问自己几个问题：

◆ 孩子和我的关系好吗？

◆ 孩子信任我吗？

◆ 孩子是否把我当作安全基地？

◆ 我给孩子温暖的支持和爱了吗？

◆ 当孩子焦虑的时候，我有没有帮助他缓解焦虑？

父母只要把这些问题搞清楚了，把自己和孩子的关系调整好了，就不必担心孩子的独立性发展。因此，大家千万不要把亲密与独立对立起来。对孩子来说，亲密与独立其实是一致的，相辅相成的。

父母在孩子社会性发展中的重要性

孩子对父母的信任以及由此建立的安全感，在孩子的学习和社会性发展过程中有着非常重要的作用。

视崖实验

视崖实验最早是由美国心理学家沃克（R. D. Walk）和吉布森（E. J. Gibson）设计的，用来测查婴儿的深度知觉。后来坎波斯（Joseph Campos）等人利用视崖实验装置对婴儿行为的社会性参照进行了研究。

这种实验装置的中央有一个能容纳会爬婴儿的平台，上面覆盖着厚玻璃。平台的两边有相同的黑白相间格子图案：一边的图案与玻璃紧贴，不造成视觉深度，即“浅滩”；另一边的图案在平台底部，会造成视觉深度，即“深崖”，不过这

个视觉深度相对较低。（见图 3）

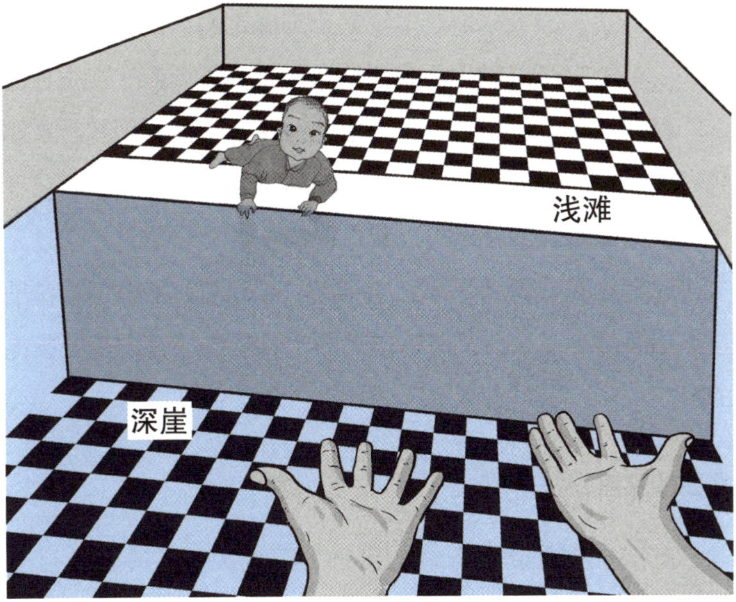

图 3　视崖实验装置

参加实验的是 9~12 个月大刚刚有一些爬行经验的婴儿。妈妈和孩子来到实验室，实验者把孩子放在“浅滩”这边，妈妈则站在“深崖”那边。当妈妈对孩子做出兴高采烈或者非常感兴趣的表情时，孩子往往会在经过试探后，勇敢地爬过“深崖”到妈妈那里去；而当妈妈做出恐惧或生气的表情时，他们就会拒绝爬过去。

这个实验充分说明，孩子看得懂妈妈的表情，而且还会参考妈妈的表情，对“深崖”做出不一样的反应。

有趣的是，当婴儿身处平地而不是“视崖平台”上时，不论妈妈做出鼓励还是恐惧的表情，他们都会毫不犹豫地爬到妈妈身边。因为平地对宝宝来说是确定的情景，他们知道这是安全的，所以妈妈的表情参考作用不大。而在视觉“深崖”这种不确定的地方，孩子不知道该怎么做时，就会观察妈妈的表情，作为“我应该怎么做”的参考。

从这个实验中我们可以看出：孩子对父母的爱，才是无条件的爱。孩子明明看到了“深崖”，但是妈妈的鼓励让孩子选择勇敢地爬过去。孩子对妈妈的这种信任，真的是无条件的啊！

社会性参照

当孩子接触新的环境、事物、陌生人时，或者当孩子无法判断某件事是否危险或者他人是否友好时，他们会通过观察父母的表情，从中寻找一些社交线索，来决定怎么对待陌生的人或事。这在心理学上叫作“社会性参照”（social referencing）。

社会性参照的能力大概在宝宝 8 个月出现。随着宝宝自主活动能力的提高，他们对外界的探索逐渐增多，接触的世界也越来越复杂。对宝宝来说，这时遇到的很多情形都是新鲜的，当他们不确定该怎么做时，妈妈或其他信任的人的表情，就会被当作探索世界的参考。因此，父母在跟宝宝的互动中，要注意自己的表情、语言和行为。

有些父母说自己的孩子胆子小，其实有可能是父母不经意间的神情或者其他身体语言影响了孩子对世界的认识。有时，妈妈虽然嘴上没说什么，但是她的神情或动作却会让孩子认为世界是不安全的。

比如，刚学会跑的孩子激动地在小土坡上跑上跑下，这本来是一个很好的锻炼运动感知觉的机会。但是如果妈妈情不自禁地提醒孩子小心，并表现出焦虑或担心的表情，孩子就会觉得这样跑是不安全的。如果孩子这时正好摔了一跤，妈妈真着急了，孩子在看到妈妈的反应之后，可能会增加害怕心理，不愿意继续尝试这项活动了。这种模式一旦形成，孩子就会认为这个世界不安全或者危险可能随时存在，并因此逐渐变得胆小畏缩。

当然，并不是所有孩子都是因为这个原因变得胆小，这只是一种很常见的可能性。父母可以检视一下自家的情况，然后排除这种因素。改变自己的言行举止，孩子自然会改变。

当我们带孩子去外面散步或者去公共场所玩耍时，要平衡自己的心态，对孩子正在经历的事情是否安全有个理性的估计。我们既不要不假思索地制止，也不能毫不顾及安全问题。父母最好能根据当时的情形，让孩子逐步学会去判断是不是有危险。

比如，当孩子在小土坡跑上跑下时，我们发现某处有个大石头，不用大惊小怪，只要用平稳的口气提醒他避开这个地方就可以了。如果孩子在这个地方摔倒，我们可以把原因和以后如何避免这种情况告诉他："你刚才没有看到这块石头，所以绊倒了。不要紧，下次离这块石头远一点就可以了。"这样，孩子不仅不会觉得这个世界是不安全、不可控的，反而会觉得这个世界是安全、可控的。

相反，如果我们在孩子跑上跑下的时候不停地强调："你这样很危险。"如果孩子绊倒了，我们立刻指责他："你看，刚才告诉你了吧，这样做很危险！不要在这里跑来跑去了，我们去别的地方玩。"那孩子就会失去一次学习评估周围情况、认识自己掌控能力的机会。他也可能因为父母的影响而夸大这件事的危险性，以后对这些事物失去兴趣。

利用社会性参照，为孩子传递正确的安全信号

孩子会爬以后，喜欢到处探索，但探索有时候并不是那么安全。当孩子年纪小，需要通过父母传达的信息来判断安全与否时，父母应该珍惜孩子的信任，为孩子传递正确的安全信息。比方说，孩子对电梯或者自动扶梯很好奇，但这绝对不是自由探索的地方，父母就要严肃地告诉他：这个很危险，不是你可以玩的。

在此，我给父母提三点建议。

第一,千万不要为了自己的方便，随便吓唬孩子。

如果父母在不危险的情况下，骗孩子说危险，一旦孩子偷偷做了，发现并没有危险，就会不再信任父母。等遇到真正的危险时，父母即使告诉孩子，他也会不以为然。很多孩子不听父母的话，就是因为这种信任已经被破坏了。

第二，不要过多地限制孩子。

比方说，如果孩子想在下雨天出去踩水，大人不要因为怕麻烦而制止孩子做这件事。这类事情不会对孩子产生多大的负面影响，反而有利于孩子对这个世界的探索。

第三，给孩子一些自己体验的机会。

有些东西很危险，比如炉子、插座等，不能让孩子碰到。但如果只是严厉制止，孩子不知道为什么，就会哭闹。这时可以给孩子适当的机会去体验。比如，父母可以和孩子一起观察热水冒出热气，握着孩子的手在热气上快速掠过，让孩子感知什么是“热”，然后告诉孩子，这是烫的。孩子亲身体验了什么是热，再加上妈妈的提醒，以后会对这些事物格外小心。

另外，父母还要注意用孩子能理解的方式去提醒。比如，孩子想玩插座，我们可以告诉孩子：插座很危险，碰到手会疼、会麻。父母还可以教孩子插电源，告诉孩子只有这样做才对，把手放进去就有危险。

安全教育是一项细水长流的工作，父母需要从亲子关系做起，只有亲子关系好了，孩子才会信任你。

合拍的情感舞蹈

亲子关系的建立和建设是一个长期的过程，由生活中的每个细节构成。很多父母会问：那是不是和孩子在一起的时间越多，亲子关系就会越好呢？其实不然，只要父母对孩子的需求做出同步、恰当的回应，就能建立良好的亲子关系。

亲子互动的月龄特点

孩子和妈妈的互动，在不同的月龄分别有哪些特点呢？

第一阶段：0~3个月。

这个阶段的孩子活动范围有限，他们对妈妈的脸最感兴趣，喜欢看妈妈的脸，听妈妈的声音。妈妈和宝宝眼神对视，对宝宝微笑、讲话，这些不仅可以建立宝宝和妈妈的联系，而且宝宝通过观察和模仿，2个月左右就能学会社会性微笑

（social smile）。社会性微笑是通过母婴互动发展出来的。

第二阶段：3~6 个月。

这个阶段的孩子和妈妈通常以面对面的方式进行互动，妈妈对孩子微笑、说话、玩小手小脚，孩子也会回应微笑、牙牙婴语、挥手蹬脚等等。这是一种双向的社会性互动，孩子借此建立安全感。

第三阶段：6~8 个月。

孩子的兴趣越来越广泛，能力也越来越强，这时的互动已经不仅仅限于孩子和妈妈之间，开始包括一些玩具或其他人，形成了共同注意的“三角形”（见图 4）。在这个阶段，妈妈可以通过观察孩子的眼神和表情来判断孩子的兴趣，并和孩子一起探索外部的世界。

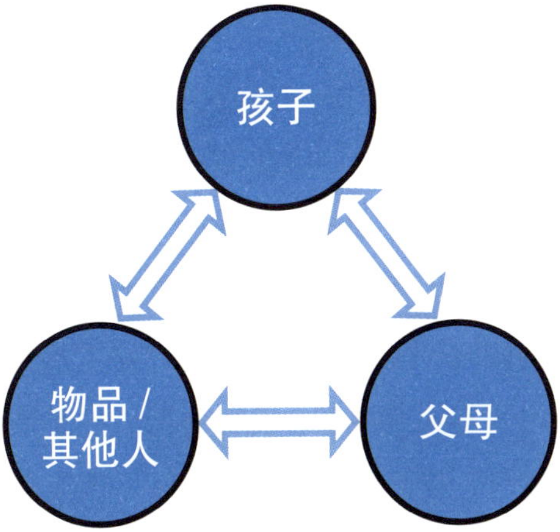

图 4　6~8 个月孩子的互动关系

第四阶段：8 个月后。

到了 8 个月左右，孩子的活动能力和范围更大了，被父母带到户外玩的机会也更多了。他们不仅从与父母或其他人的互动中学习探索外部世界，探索自己和他人的关系，还会把父母当作自己与外界环境互动的参照物（这里的父母不仅仅指父母，还有孩子信任的重要他人或主要照料人）。婴儿的这种能力，可以直接影响他对陌生人或事物的态度，而父母作为参照系，在其中起到了很关键的作用。

良好的亲子互动是孩子正常发展的保证

美国发展心理学家爱德华·特罗尼克（Edward Tronick）曾经做过一个非常有名的实验——“面无表情”实验（still face experiment）。这是一个研究儿童社会性发展、社会认知发展和情绪能力发展等的重要实验。

当实验开始时，妈妈跟宝宝正常互动，表现出饱满的爱的情绪，宝宝非常开心，并做出各种回应——微笑、牙牙婴语、手舞足蹈，两个人之间是一种互相交流的状态。这时，实验者要求妈妈面无表情，不再对宝宝做出任何反应——没有语言，没有情绪。宝宝的状态也随之发生改变，他开始尝试用不同的方式与妈妈互动，比如尖叫、拍手等。当宝宝一直得不到回应时，他开始崩溃哭泣，然后视线和身体都“撤退”了，离开不能交流的对象。

当然，这个实验不能给孩子造成很大的压力，因此这种

“非正常”状态只持续了两分钟。当妈妈重新开始和宝宝互动时，他又恢复了笑脸。

良好的亲子互动是孩子发展过程中不可或缺的一个环节。互动的方式不仅仅是语言，还包含眼神、面部表情、动作等身体语言。研究发现，哪怕是几个月大的婴儿，也已经能够明白面部表情和情绪之间的关系，说明他们开始具备初步的社会认知，能够意识到这种面无表情的情形是不正常的。他们还会尝试运用自己的表情和行为重新发起与妈妈之间的交流，这说明他们从以前的交流经验里学到了怎么表达自己的情绪、怎么引起别人的注意等简单的有目标指向的行为。

良好的互动是婴幼儿心理健康发展的保证。我们向孩子展示的语言、行为、情绪，都会对他们产生影响。因此，希望父母和孩子周围的人都能重视跟孩子之间的互动。

怎样建立跟孩子的良好互动？

既然互动这么重要，那我们应该怎样做好跟孩子之间的互动呢？

亲子互动具有一定的独特性，这是父母和孩子之间的事情。发展心理学告诉我们一个亲子互动的大原则，那就是父母对孩子的照料一定要稳定、可靠。

（1）父母对待孩子的情绪、行为要相对稳定，不能凭自己的心情。不能心情好，就对孩子和颜悦色；心情不好，就对孩子不理不睬。

（2）父母要对孩子的需求敏感。父母通过观察孩子的神情、动作，并参考之前的互动方式，往往能猜出孩子需要什么，然后去满足孩子。如果满足不了，还可以有其他做法。方式是多样化的，关键要让孩子感受到父母的关心、理解和在乎。

理想的亲子互动方式：同步互动

下面为大家介绍一种理想的亲子互动方式，叫作同步互动（interactional synchrony）。什么是同步互动呢？

所谓同步互动，需要照料者对孩子的需求比较敏感，能够对孩子发出的各种信号（也就是他们的需要）给予适时、恰当、有节奏的回应。双方的情感状态是合拍的，尤其是积极情绪的合拍。美国心理学家劳拉·E·伯克（Laura E. Berk）教授把这种互动比作情感舞蹈。这时亲子之间就像是一对和谐的舞伴，了解彼此的情感和需求，并能做出适当的回应。

例如，孩子在你身边搭乐高玩具，当孩子兴奋地看着你，并给你看某个零件或者搭好的部件时，如果你回应一个大大的微笑和热情的赞美：这个部件很难搭，妈妈真佩服你！（注意，这里的赞美不能心不在焉。）这时孩子就会很自豪，并更起劲地继续搭。这个互动过程，就是积极情绪的合拍，就像"情感舞蹈"一样你来我往，节奏合拍。

而当孩子遇到困难时，妈妈可以通过观察，根据当时的情形和孩子的需要，用同情的语言给予抚慰或者合作的方式给予帮助。

这种互动方式，不仅可以建立良好的亲子关系，还可以培养孩子的情绪能力。亲子之间合拍的情感舞蹈，也是孩子观察和理解别人的情绪，接受别人的信息，并做出相应回应的过程。这个过程可以增强孩子对他人情绪、他人传递信息的敏感度，也可以帮助孩子调整自己的情绪，这样才能互相合拍。

亲子之间的相互合拍，不需要纠结到底几分钟才是及时的回应，也不需要纠结到底怎么做才是恰当的。要想达到这种合拍，需要父母不断观察和了解孩子传递出的信息，并给出相应的回应，看看能得到什么反应，然后再去适当调整。慢慢地，彼此之间就会越来越合拍。父母只有和孩子越来越合拍，才能给予孩子高质量的陪伴。

高质量陪伴：互动要适度，不能过多

有些人觉得，和孩子之间的互动越多越好。事实并非如此，关键是要用心用脑。如果你花 1 个小时而且能理解孩子，这比陪孩子 3 个小时却不理解孩子要好得多。父母需要对孩子的需要敏感，当孩子不需要时不要给予太多，互动不要过于密集。

什么是过于密集的互动呢？比方说，孩子都有点困了、累了，大人却没有接收到信号，还在不停地逗孩子。这样，父母跟孩子就没有合拍，没有同步起来。

有些人特别疼爱孩子，喜欢逗弄孩子，宝宝的一个笑脸对他们来说弥足珍贵，这都可以理解。但是，如果不顾孩子的节奏，一味地跟孩子讲话、大笑，或者在陪孩子玩的时候，过于频繁地展示不同的玩具，这样的相处方式，其实不能称为互动。因为在这种情形下，大人是发动者，孩子只是个接受者。几个月大的婴儿，还无法承受频率和强度过分的刺激。有的婴儿在面对这样的刺激时，甚至会把头转开或者闭上眼睛来保护自己。

父母和孩子的关系是双向的，孩子观察父母，父母也观察孩子，适度的互动才是最理想的。这种适度的互动，取决于父母对孩子的观察和觉察，取决于父母对孩子的了解以及对孩子发展共性的了解。有了这两点，就不用担心自己会走偏。

本章小结

这一章从亲子关系的源头讲起，婴儿对妈妈的信任，使妈妈成为他探索新世界的安全港湾。

跟妈妈建立的安全依恋，让孩子对陌生的世界有了安全感，这在孩子的发展过程中具有十分重要的作用。

对孩子来说，亲密与独立并不矛盾，而是相辅相成的。与父母关系密切的孩子，反而更容易培养出独立性。

父母的言行举止是孩子判断、对待陌生事物的参照，父母不要辜负孩子对自己的信任，要给孩子传递正确的安全信息。

亲子关系成就于日复一日的生活中，父母需要通过日常的观察、实践及调整，让自己和孩子达到同步互动，从而建立良好的亲子关系。

和孩子一起，
真实自然地生活。

第四章

做有血有肉的父母

很多父母都希望自己能够成为完美的父母。这个执念给了他们很大压力，很多人常常因为自己没有达到心目中的完美而崩溃，觉得心灰意冷或者产生一种无力感。

本章希望大家明白一个道理：孩子需要的不是完美的父母，而是真实的父母。在良好亲子关系的基础上，父母可以和孩子发自内心地沟通和交流，互相体贴，互相尊重，即使做错了也不怕，道歉就好了。有血有肉的父母才可爱，才能在亲子之间建立起真实的情感链接。

父母需要不断调整亲子关系

亲子关系是一种通过双方互动建立起来的双向关系。在亲子关系中，如果有一方不能起到相应的作用，这个关系就有可能是不健康的。如果父母对孩子是无视的，直接控制着这个关系，比如，父母常常自觉或者不自觉地威胁孩子——你必须听我的，不然我就不爱你，孩子因为害怕父母把爱撤离，在这个关系里没有自己的力量，这就是不健康的关系。

健康的亲子关系是动态平衡的

健康的亲子关系只有通过双方的长期互动才能建立起来，这是一种动态平衡的关系，而不是一成不变的。

在生活中，有的妈妈可能因为工作或者其他原因，需要离开孩子一段时间。妈妈回家后，可能会发现孩子跟自己不像以前那么亲密了，心里难免五味杂陈。比如，有个妈妈曾跟我说，自己在孩子几个月的时候，因为工作关系请奶奶帮忙带了两个月孩子。结果回家后发现孩子跟奶奶亲了，晚上睡觉只要奶奶。这个妈妈既伤心又害怕：孩子会不会跟我永远都不亲了？

当然不会。婴儿需要一个主要照料人，当奶奶成为主要照料人的时候，婴儿和奶奶关系亲密，说明奶奶对孩子的照顾是稳定而可靠的。难道妈妈希望回家看到孩子跟奶奶不亲吗？几个月大的婴儿，记忆力、认知能力都刚开始萌芽，暂时和妈妈生疏也是很正常的。

我告诉这位妈妈，亲子之间的关系是动态、发展、变化的，只要妈妈一如既往地爱孩子，依然可以和孩子建立起亲密的关系。

在亲子关系中，父母需要不断做出调整

我有个学生，家里有两个女儿，她很担心大女儿和她之间的关系。她问我："妹妹经常黏着我，姐姐不太黏我。不知道她是不在乎和我的相处，还是懒得争。我好担心她以后会说，妈妈只爱妹妹，不爱我。我应该怎么办呢？"

在亲子关系中，父母和孩子都需要对这个关系做出贡献。父母是成人，认知和情绪更加成熟，在亲子关系中应该起到包容和主动的作用。因此，父母的调整非常重要。

父母不应该等孩子来主动调整关系，而应该自己主动调

整关系，主动表达爱。爱要怎么表达呢？我们可以通过语言、神情、行动等很多方式来表达对孩子的爱，而不仅仅是跟孩子说“我爱你”。

我想分享一下我和大宝的故事。

大宝正式入学那一年，觉得自己是个大孩子了。他原来叫我 Mommy，入学以后就叫我 Mom。我还注意到，他不再像小时候那样常常黏着我了。而我丝毫不受影响，还是天天对他说“我爱你”，每天早起时、睡觉前都会拥抱他。很快，他自己也发现了：我是个大孩子，跟拥抱妈妈不矛盾啊！所以，从一年级到三年级，大宝还是经常跟我表达爱。

到了四年级，发生了一件有意思的事情。开学的第一个星期，大宝对我说，在送他去上学的时候，不要当着那么多人的面抱他了，怕别人笑话。我故意装傻：“哎呀，那怎么办？我爱你啊！那我可以这样吗？”我摸了摸他的头，抱了抱他的肩。他说：“好。”我又说：“可是我想让你抱我，怎么办？”他说：“嗯，下车的时候我抱你，停车场人少。”虽然在学校他这么要求我，可是在家里，无论是早上起床时还是晚上睡觉前，他都会要我抱抱、亲亲。

大宝五年级的时候，我带孩子们去听了一个讲座，讲座上说拥抱会让人的大脑释放催产素，从而心情愉悦，减轻焦虑，让人更具有复原力。随着认知和情感的发展，大宝也越来越会表达自己的感受了。他常常主动抱住我，说：“啊，拥抱真让人感到开心。”

六年级的时候，我去接大宝，他当着大家的面，主动冲过来拥抱我，还把我介绍给他的同学。后来我偷偷问他："你当着大家的面拥抱妈妈，不会觉得不好意思了吗？"他说："不会啊，为了别人不知道有没有的看法不拥抱妈妈不值得。"我听了以后，真的挺感动的。大宝到了六年级，和父母之间的感情不再是小时候那种孩子气的亲密，而是他经过思考之后做出的选择——表达对妈妈的爱很重要，哪怕被别人说呢！

很多妈妈对我说，四年级的孩子不再当众拥抱妈妈很正常。我当然知道这很正常，但是我愿意一如既往地表达我的爱，并不会因为孩子快要青春期了，跟孩子之间你不理我，我也不理你。如果父母这样做，就没有发挥自己主动调整关系的作用。现在，大宝已经是一名中学生了，还经常在睡前邀请我一起聊天。

所以，只要父母不断地做出调整，孩子也会做出调整和选择。我愿意分享我和大宝的这段经历，希望对大家调整自己和孩子的亲子关系有所启发。

如何与孩子建立良好的亲子关系

父母如果想要影响孩子，就必须和孩子之间拥有良好的亲子关系。道理其实很简单，一个人更愿意听取谁的建议呢？当然是一个他爱和信任的人。那么，怎样才能与孩子建立良好的亲子关系呢？

建议一：同理心

现在大家都会说，父母要理解孩子，接纳孩子，但是怎样才能做到呢？我认为，父母必须有同理心。

所谓同理心，就是从别人的角度去理解别人的感受或经历的一种能力。为了理解别人的感受和经历，我们需要想象自己处在这个人的位置。

同理心是父母必须具备的情商之一。很多时候，父母喜欢抱怨孩子存在这样或那样的问题。在我看来，如果父母有同理心，看待事情的角度不同，由此产生的情绪和行为自然也就完全不同了。

（1）多从孩子的视角思考问题。

父母要时常提醒自己，孩子不是小一号的大人，他的很多地方都和大人有着本质的区别。孩子看到的世界，想问题的角度，极有可能跟大人不一样，因此，父母不能从自己的角度去解读孩子的行为。

小宝在六七个月的时候，有一天突然开始害怕洗澡，一放到水里就哇哇大哭。我当时以为可能是水过冷或过热，或者洗发水冲到眼睛里去了，后来发现都不是。我只好把自己想象成小宝，只有几个月大，什么都不会说，这下终于想到了原因。小宝从出生开始，一直用宝宝浴盆来洗澡，后来他的个子长了，以前的宝宝浴盆显得有点小，我们就把他放到大浴缸里洗澡。正是从这个时候开始，小宝每逢洗澡就会哭闹。我想了一下他的个头，又比较了一下宝宝浴盆和大浴缸的尺寸，原来对小宝来说，现在用的浴缸太大了！每当他坐在大浴缸里，可能就会觉得，天哪，这么多水，会不会把他淹没啊！所以他害怕了。

在这件事情上，我既没有生气，也没有不耐烦。我并没有指责小宝说：你这孩子，怎么这么麻烦！洗澡水不冷不热，洗发水也没有弄到眼睛，有什么好哭闹的！瞧，当父母静下心来，从孩子的角度出发，就能找到原因了。

（2）多体会孩子的感受。

父母如果能经常站在孩子的角度去体会他的感受，并跟他的情感产生链接，孩子就容易信任父母。

有一天，我接大宝放学时，他说：“妈妈，我今天数学得了95分。”我笑了笑说：“95分不是A吗？你干吗这么郁闷呀？”他说：“你不知道，有一道题我明明做对了，老师非说我做错了，扣了我5分。”我说：“啊？还有这样的事情，那你可以跟老师去说啊！”他说：“我们画图，老师说线的顶端要画上一个点，我没画，可是我的图是对的，不画小点也不影响啊！”我就抱着大宝说：“啊，我深深地同情你。这分扣得确实挺冤的。不过，好在还是A啊！”当他听到我说“同情你”的时候，也紧紧地抱了我一下。

其实当时听大宝说的时候，我有一刹那差点脱口而出：“老师明明要求画点，你却不画，这种情况算你错也没话说啊！以后要记住，老师要求什么，就一定要做到。”好在我在那一刹那，把这个念头压下去了。大宝的心情已经不好了，这时如果我再去唠叨，除了让他更不高兴之外，还会有什么效果呢？要是我总这么做，那他以后都不愿意来跟我说话了。

所以，当孩子跟父母聊天的时候，父母应该多站在孩子的角度，体会他的感受，少评判，少说教。大宝常常说：我的妈妈和别的妈妈不一样，我的妈妈能理解我们。其实这都是在小事情上积累下来的。

建议二：真正的接纳

很多父母都知道要无条件接纳孩子，但是真正做起来效果却一言难尽。其实，要做到真正的接纳，关键是父母在一些事情上真的能放开，不纠结。

有一天，我带孩子们出去活动，晚上爸爸做饭。爸爸做好了菜，来不及蒸米饭了，就拿出了昨天剩下的一锅皮蛋瘦肉粥。

小宝说："我不爱吃皮蛋瘦肉粥。"

我说："嗯，妈妈知道你不太喜欢皮蛋的味道，不过这次的粥妈妈只放了一个皮蛋。你要不要试试看？如果你不吃，我们还有羊角面包、面包片……"

我还没说完，爸爸突然插了一句："小宝，不要挑食啊，这个粥挺好吃的啊！"

小宝一下子来情绪了，他把碗拖到自己面前，嘟嘟囔囔地说："行，那我就吃这个。"

我一看，刚才眼看都要把小宝劝好了，结果又要砸爸爸手里了，那哪行，不能让孩子心里不高兴嘛！

我摸了摸小宝的手臂，慢慢说："你别急，小宝，妈妈这不是还在跟你商量呢。我们先不管爸爸说什么，这三样，你最想吃哪一种？今天爸爸下班晚了，来不及蒸米饭，所以米饭肯定没有了。"

在这里，我想提醒一下大家，我们还可以用表情和动作等身体语言，来表达我们对孩子的理解。很多时候，我们不是通过语言，而是通过表情等身体语言，让孩子感受到我们是不是真正的接纳。

小宝看我说得很诚恳，想了想说："那我就吃粥吧，看看只有一个皮蛋的粥我会不会喜欢。"

他后来发现，自己还挺喜欢这个粥，于是把一碗粥都吃光了。问题就这样解决了。

后来，我跟爸爸说："你在这个时候说不要挑食，看上去挺有道理的，实际上对当时的沟通并没什么用。可能你当时觉得孩子吃东西挑三拣四，所以不耐烦了。这恰恰是因为你没有真正接纳孩子当时的行为。"

对于孩子这一点，我就能全然接纳。我们在前面讲过同理心，接纳和同理心相辅相成，互相促进。我真心认为，每个人的口味都是不同的。我自己也有不爱吃的东西，如果有人非要我吃，我也会不高兴。因此同样的事情，我也不会强加给我的孩子。而且，一个人的口味是会变的。我小时候不爱吃芹菜，现在很喜欢。大宝小时候不爱吃茄子，现在也很喜欢。我把这个观念也传给了孩子，因此他们在对待吃这件事情上毫无压力，愿意尝试新的味道。小宝后来不也吃完了一碗皮蛋瘦肉粥?

只有当我们对一件事情真正从心里放下，才能毫无压力地全然接受。讲到这里，我们可以理解这样一个现象：很多父母认为自己是在接纳孩子，而孩子却完全感受不到，因为父母自己仍在纠结，所以孩子感受到的也只是虚假的接纳。

只有我们真正从心底接纳了孩子，才能更加淡定，才不会给他们太多的压力。没有压力，孩子才能发展得更好。

建议三：与孩子真诚相处

父母在与孩子相处时，一定要真诚，发现自己有错时，也要真诚地道歉。孩子们从小，我就跟他们说，我不是圣人，也不是超人，只是一个普通人，我会累，也会做错事。所以，如果我做错事了，就会跟孩子们道歉。

有一次，我陪孩子们进行网球训练，最后一轮训练是轮流混战比赛。结果，大宝最后一个球没打好，时间到了，教练就叫停了。大宝很郁闷，嘟嘟囔囔地说："这不公平！"

离开的时候，小宝把球拍放进包里，和我走在前面。大宝一看，凳子上有个空包，随手拿起那个包追上来，扔到了小宝身上（大宝和小宝的包一模一样）。我说："你这是什么意思？为什么把包扔小宝身上？这个包是留给你放球拍的。"大宝默默地把球拍放进去，也不道歉。我心里不高兴，加了一句："不就是刚才最后一记球没接好嘛，你自己心里不高兴，就把气撒弟弟身上啊？！"他顿时抗议了："不是那么回事！你根本就不懂。"我说："我怎么不懂？我看到的就是这样。"气氛顿时僵住了。等我们到了家，大家都冷静下来了。大宝对我说："妈妈，刚才不是你说的那样。我看到一个空包，以为你手上拿的也是空包，就以为小宝没有收拾好自己的东西，所以才把包扔到了他身上。”我立刻说：“对不起，我刚刚确实不对，谢谢你告诉我。”我抱了他一下表达歉意，然后继续说：“不过，就算弟弟没有把东西收拾好，你告诉他就好了，把包扔在他身上是不对的。”大宝这时也跟弟弟说：“对不起。”

后来，我对这件事情做了自我反省，发现大人有时候真的很容易自以为是。当时我完全可以直接跟他说，“你这样扔包是不对的，跟弟弟道个歉。”我少说一句，对大家不都好吗？

有人听了这个故事，可能会认为，大宝这么说，像是在找借口。我是这么想的，我真诚对待孩子，孩子也会真诚对待我。如果我当时指责他：“你这是狡辩！”对我们的沟通又有什么好处呢？很可能他以后就不愿意来跟我说了。我特别感谢大宝能来告诉我他的想法，因为这才是我最看重的。我想要创造的家庭氛围是：我和孩子的谈话通道永远是打开的。因为只有这样，才能持续建设良好的亲子关系。

本节给父母的三点建议，其实是相辅相成、环环相扣的。做好其中任何一点，都能对其他两点有所促进。父母如果能做到这三点，亲子关系自然会越来越好，跟孩子沟通起来也会越来越容易。随着孩子年龄的增长，父母也会感到越来越轻松。

做真实而非完美的父母

上一节我讲过，父母在与孩子相处时，一定要真诚。孩子需要一个真实、有血有肉的父母，而不是完美的父母。所谓真实的父母，指的是：父母在和孩子沟通时，要诚恳地说出自己的想法和感受。这对建立良好的亲子关系是不可或缺的。

我讲一件好玩的事情。

有一天，我跟孩子们闲聊。我对大宝说："以后不管你做什么，妈妈总是笑眯眯的，和颜悦色，你觉得怎么样？"我本以为他会说："好啊，我喜欢这样的妈妈。"没想到大宝耸了耸肩，说："妈妈，我不是傻瓜。"我们都哄然大笑。

大宝当时上小学三年级，我后来思考：大宝为什么会这么说呢？原因是，他的情绪能力发展得很正常。

什么是情绪能力（emotional competence）？情绪能力就是认识自己和他人的情绪，能够接纳自己的情绪，并对别人的情绪做出合适的反应，认识到情绪是可以控制的，情绪可以影响人和人的关系等一系列能力。

所以，当我跟大宝说，不管你做什么，我都和颜悦色，他认为这是不可能的。因为他有真实的生活经历——他跟家人之间的互动，他跟老师、同学间的互动，所有这些都让他认识到，一个人的行为是有后果的，对别人的行为、想法和情感都会产生影响。所以大宝认为，如果我不管他做什么都和颜悦色，这样的妈妈显然是不真实的。所以他才会不以为然地说："妈妈，我不是傻瓜。"

这件事也告诉我们：父母千万不要在孩子面前伪装，而要做真实的父母，这样反而能够得到孩子的信任和尊重。

当然，我并不是鼓励父母整天冲孩子发脾气，一点儿也不控制自己的情绪。成人就要有成人的样子和担当。有些事情站在孩子的角度想一想，我们很有可能就可以控制住自己的情绪了。

不敢说出自己真实想法的父母，会让孩子感到不安

在生活中，很多父母为了在孩子面前维持一个完美的形象，往往不敢说出自己的真实感受。父母自以为可以隐藏自己的真实感受，然而行为却暴露了自己的真实想法，反而会让孩子感到不安。

举一个很常见的例子。

一个 3 岁的孩子缠着妈妈陪他一起玩。可是妈妈很累，很想休息一下，但是又担心如果表露自己真实的想法，就不再是一位“好妈妈”了。所以，她掩饰住自己的真实感受，表现出“接纳孩子”的样子。然而，妈妈虽然在行动上陪伴着孩子，内心却一点都不愉快。因为自己的需求得不到满足，她有点儿心烦意乱，很容易因为一点小事就发作。比如，她可能会说：“你弹电子琴的声音太吵了，你这根本就不是在弹琴，而是在砸琴，不许再玩电子琴了。”或者，“你看看你，把铁轨弄得到处都是，赶快收拾好！再不收拾好，明天就别玩了！”

这种不愉快的结局，很有可能会发生。然而孩子并不明白自己为什么会挨批评，也不理解父母的感受，所以他可能会既困惑又受伤。

找到自己感受和孩子需求之间的平衡点

坐飞机的时候，大家都知道安全事项。当氧气面罩掉下来的时候，父母要先给自己戴好，把自己照顾好之后，才有能力去照顾身边的孩子。同样的道理，一个妈妈如果自己的需要一直得不到满足，弄得自己很不高兴，就很难照顾好孩子的情绪。希望妈妈能够得到家人或者周围亲朋好友的支持，夫妻双方更要互相支持，这样才能更好地养育孩子。

我们是父母，但也是普通人。我们有自己的感受，也有自己的限度。所以，父母们要正视自己的感受，尊重自己的限度。对孩子，我们可以努力做得更耐心一点，更好一点，但这不是无限度的。

如果我们忘记了自己只是一个普通人，努力想在孩子面前维持完美的父母形象，而把自己的需求抛到一边，结果往往会以大家都不高兴而告终。

作为父母，我们要学会尊重自己的感受，尊重自己的真实情绪，在自己的感受和孩子的需求之间，寻找一个平衡点。在和孩子相处的过程中，父母如果能够告诉孩子自己的真实感受，父母的心态会更加平和，情绪会更加稳定，处理起事情来也会更加合理。只有我们先满足了自己的需求，才能更好地满足孩子的需求。

承认自己的真实感受，会让亲子关系更亲密

说出自己的真实感受，会让孩子觉得我们是“坏父母”吗？

恰恰相反，当我们告诉孩子自己的真实感受时，也给孩子提供了一个机会去体谅别人的心情和感受，让孩子学会尊重别人的感受。

很多父母都抱怨自己的孩子不知道体谅父母或者祖父母。要知道，小婴儿完全依赖父母，他们认为父母是全知全能的。如果父母从来不告诉他们自己也是普通人，也会累、会生病、会害怕，那么他们长大后，就不容易去体谅父母。

电影《狮子王》里，木法沙救出了辛巴，并承认自己当

时很害怕，这并没有影响木法沙在辛巴心目中的形象，反而让父子之间更加亲密了。父母如果能跟孩子坦陈自己的心情，反而有利于亲子沟通。孩子其实对父母的感受很敏感，不要以为自己真的可以很好地掩饰情绪。比如，我就听到有的孩子说："我的妈妈其实很虚伪。她总是表现得那么贴心，实际上并不是这么想的。"

怎样说出自己的真实感受？

很多父母在孩子面前，很难说出自己的真实感受。建议父母可以经常和孩子聊聊天，在平时聊天或者孩子遇到困难时，可以把自己的遭遇当作故事讲一讲，并且说出自己当时的心情，无论是紧张的还是快乐的都可以。时间长了，慢慢就没那么难了。比如，我曾跟小宝说，我上中学的时候上台演讲很害怕，眼睛都不知道往哪看。现在我每天都要讲课，一点都不紧张了。我希望孩子可以知道，上台演讲感到紧张很正常，不用害怕，也不用羞愧。我希望用自己的经历给他们信心，让他们知道只要多加练习就会进步。父母一旦习惯了跟孩子坦露自己的心情，就可以拉近亲子之间的情感距离，也会让自己成为孩子的榜样。

父母也可以跟孩子分享自己经历的那些糗事，让孩子知道父母也是普通人，和他们一样。我经常会跟孩子们讲一些我以前经历过的各种不靠谱的事情。比如有一次，我们一群人出去玩，结果在山顶上不小心把车钥匙锁车里了。幸好手里还拿着手机，山上有信号，我们赶紧报了警。由于我们当时身处一个位于荒郊野外的国家公园，救援人员从最近的小镇出发，到达的时候都已经过了四五十分钟了，太阳都已经下山了，我们几个人冻得在山上跑步。孩子们特别喜欢听这样的故事。知道自己的父母也是普通人，会让孩子感到更真实，更亲密。

或许有人会说，孩子一直很崇拜我，如果告诉他“我其实只是个普通人”，那他不就不崇拜我了吗？小孩子常常会认为父母是全知全能、无所不能的，因此他们很崇拜父母。但是随着年龄渐长，孩子会越来越客观地评价父母，他们也会认为父母是普通人，不会再像幼儿时期那样崇拜父母。只有真实的、有血有肉的父母，才会让孩子感到很亲近。而且，他们还能从父母的遭遇中学到一些经验，这样孩子往往会对你更信任。很多孩子在回答谁是你的英雄时，他们会说是自己的妈妈或者爸爸，不是因为自己的爸爸妈妈是超人，无所不能，而是因为他们在生活中跟自己密切相关，并且在自己需要的时候做自己强大的后盾。

当然，我们不仅要向孩子说出自己的一些负面感受，更要经常和孩子分享自己的积极正面的感受。

有一天早上，吃早饭的时候，大宝说：“谢谢妈妈给我做面包。”平常我会说：“不客气。”那天我说的是：“我真高兴你这么说。”这个回答和平时不一样，大宝说：“妈妈，你为什么很高兴呢？”我说：“知道你感激我的劳动，我很高兴。

这就叫作爱。”这时，两个孩子纷纷过来拥抱了我。

在这里，我给孩子传递了一个信息：妈妈是普通人，也需要被鼓励和认可。很多时候所谓爱的教育，其实正是通过这样的生活点滴实现的。

我们是父母，也是普通人。我们要尊重自己的真实感受，并如实地告诉孩子。只有这样，孩子才能有机会学会体谅父母的感受。亲子间的互相尊重，就是这样开始的。有了互相尊重，亲子关系还用得着发愁吗？而有了良好的亲子关系，很多事情就很容易沟通和解决了。

夫妻关系与亲子关系

很多育儿文章告诉我们，父母不要在孩子面前吵架。真的是这样吗？其实在日常生活中，我们不太可能把这个原则推到极致，因为父母很难做到绝对不在孩子面前吵架。

当然，我肯定不是鼓励夫妻之间吵架。我只是说，父母之间感情好不好有很多线索，孩子不会单凭父母是否吵架来判断父母的感情状况。比如说，大宝认为我和他爸爸感情好，不光是因为我们很少吵架，关键是我们吵架很快就能结束、和好。而小宝认为我和他爸爸感情好，是因为我们从来不会因为大事吵架，吵的都是鸡毛蒜皮的小事，这说明我们在大事上很合拍。

可见，孩子们对很多事情都有自己的判断。

如果父母对一件事情看法不同，可以发表不同的意见吗？

我的答案是可以的。因为父母吵架，更重要的是让孩子看到过程和结果。孩子们需要明白，不同的人有不同的看法是一件很正常的事情。在孩子面前，父母可以发表不同的意见，但不要暴力吵架。关键是要让孩子看到，父母是怎么通过沟通，对某件事情达成了一致意见；或者经过沟通之后，依然保留不同意见，但是却各自做出了让步。

有时候我会跟孩子讨论，什么是爱呢？爱不仅是关心和照顾家人这样的责任，爱有时候也是妥协。在现实生活中，哪怕是两个相爱的人，也不可能对所有的事情都看法一致，或者喜好一致。孩子们都知道，我不太喜欢户外活动，但是却也常常和爸爸一起去户外。有时候，父母看法不一致并不意味着天塌下来了，或者两个人不相爱了。

其实，父母的相处方式也是孩子学习的榜样，潜移默化地影响着孩子未来的婚姻关系。孩子通过父母了解两个相爱的人怎么相处，这也是在为他们未来的婚恋做准备。

父母当着孩子的面说出与另一方不一致的意见，会破坏另一方在孩子心目中的形象吗？

我的答案是不一定。这要看父母一贯是怎么对待孩子的。这也是我一直提倡的——做一个有血有肉的父母，胜过做一个完美的父母。更何况，没有哪个人可以做完美的父母。

一位妈妈给我讲过这样一件事。

孩子的爸爸在品尝孩子的冰激凌时，一下子咬了一大口，孩子很委屈，当时就哭了。妈妈说："给孩子再买一个吧！"爸爸说："再买一个会宠坏她。"妈妈认为自己不应该当着孩子的面说出她的不同意见，所以就听了爸爸的话，没有坚持给孩子再买一个冰激凌，就抱着还在哭的孩子回家了。她跟我说，她担心当着孩子的面说爸爸不对，会破坏爸爸在孩子心中的地位或形象。

父母在孩子心目中的地位是怎么建立起来的？是通过爱建立起来的。建立良好亲子关系的三个原则是什么？同理心、真正的接纳以及真诚。

其实这件事本来很简单。爸爸一口咬多了，可以跟孩子道歉："对不起，爸爸不小心咬多了，再给你买一个吧！"这样一点儿问题都没有。可是爸爸放不下面子，不愿意跟孩子道歉。

我经常问父母："你们要建设的家庭文化是什么？"如果你们的家庭文化是：每个人都是平等的。那么，父母给孩子道歉就不是问题。而且，父母肯定会思考怎么去解决问题。如果爸爸不肯道歉，反而给自己找很多理由——你又没规定一口咬多少，或者，再买一个会宠坏孩子，那孩子心里会怎么想？他的感受会是什么？爸爸在孩子的心目中又是什么形象？不言而喻。

我们家的原则一直是：如果父母做错了，就要跟孩子道歉。父母越是诚恳，孩子越是容易体谅父母，信任父母。而且，如果孩子以后做错事了，也会更愿意道歉。

我讲一件发生在我家的小事。

我家客房的大床底下，有三个小木柱支撑着。有一天，爸爸发现这三个小木柱全倒了。爸爸说："一定是孩子们老在上面跳，害得木柱子散架了。"他就把大宝小宝叫过来，问："是不是你们干的？"孩子们一看就说："我们不知道啊！"爸爸就说："咱家就4个人，不是我和妈妈干的，肯定就是你们干的啊！"两个孩子顿时感觉很委屈。我赶紧跟爸爸说："孩子们都不知道床下面有小木柱，他们也是刚刚看到。而且，你事先也没有告诉他们这个床需要支撑，这件事情怪不着他们。"我又搂着孩子们说："爸爸以前没有告诉你们这个床下面有支柱，他不应该怪你们。不过现在你们知道了，以后小心一点，好吧？"爸爸也马上道歉了。第二天，他做了三个更加坚固的支柱，指给孩子们看，还说："现在即使你们再跳也不会散架了。"这件事情就这么解决了。

我觉得孩子们当时的反应很正常，因为他们事先并不知道床的下面还有小木柱，当他们看到散架的小木柱时，会认为他们又没有去床底下把这些东西拿下来。所以，他们才会说自己不知道，这是实话。这是孩子的视角。爸爸当时是站在成人的角度指责他们，因为他知道事情的前因后果。我不可能为了维护爸爸的面子，而不考虑孩子们的感受。

在这件事情里，我最关心的是孩子的感受，我不会让孩子承受不白的指责。所以，我把孩子们的视角告诉爸爸，但是我也为孩子们指出来这三个柱子的用途，提醒他们以后不要在床上跳了。我们家每个人对道歉都没有心理负担，所以爸爸当时就道歉了，这一点儿也不会影响爸爸在孩子们心目中的形象。相反，孩子们更加信任爸爸妈妈了。而且他们明白，父母会尊重他们的感受，他们在家里有安全感。这个最重要。

怎样理解夫妻关系大于亲子关系？

夫妻关系大于亲子关系，这种说法的提出有着一定的社会背景。

很多妈妈有了孩子以后，一心照顾孩子，甚至觉得爸爸照顾得不好，导致爸爸在照顾孩子这件事情上越来越不主动。同时因为生活的琐碎，夫妻之间少了很多沟通和默契，最终致使夫妻感情出现问题。

这种现象确实不少。所以很多人建议，夫妻必须要建设夫妻关系，渐渐演变成一句简单的话：夫妻关系大于亲子关系。

如果只是片面地理解这句话，或者死板地套用这句话，会让很多人陷入形式主义。比如说，很多育儿文章中提到：爸爸要怎样表达对妈妈的爱呢？下班回家一定要先抱妈妈，再抱孩子。

这种建议看似合理，却经不起推敲。难道爸爸回家先抱妈妈再抱孩子，孩子就知道爸爸爱妈妈胜过爱我？如果是孩子先跑出去迎接爸爸呢？难道爸爸也要拒绝孩子，先去厨房抱妈妈？

夫妻之间表达感情不需要公式。爸爸怎么做，怎么表达爱，根本就没有一种程序化的做法。

夫妻关系是孩子人生发展的基石，家庭是孩子成长的安全基地，夫妻关系当然很重要。夫妻之间是队友，互相支持，共同养育孩子。很多研究都指出，夫妻满意婚姻关系，心情愉悦，互相支持，孩子会成长得更好。如果夫妻关系不好，家里充满了抱怨和争吵，孩子的成长就会受到影响。有些专门做青少年心理咨询的机构，会建议青少年咨询配合家庭咨询，调整整个家庭的关系。所以，夫妻关系是家庭和睦的根本，是孩子良好成长的保障。

但是，我们能不能简单地说“夫妻关系大于亲子关系”呢？我个人认为，夫妻关系和亲子关系不是两不相干的关系，也不是可以互相比较的东西。家庭是一个动态平衡的系统，每个人都会对家庭中的关系和氛围起到作用。

曾经有一项研究，观察了以下三种互动关系：

（1）中学生和妈妈在一起；

（2）中学生和爸爸在一起；

（3）中学生和爸爸妈妈在一起。

研究发现，由于情境里具体的人不同，人数的不同，孩子和父亲，或者孩子和母亲，或者三者都在场的情况下，每个人讲话的语气、态度都不太一样。

由此可见，每个人都是家庭的一份子，要重视家庭中的每个人。家庭成员之间怎样相处，怎样随着孩子年龄的变化调整自己和孩子的关系，是父母需要一直思考的事情。希望大家能够看到这个全景图，而不是听到别人一句口号或建议，就见风是雨，不折不扣地去执行。很多时候，这么死板地去执行，反而很容易走偏。

本章小结

这一章希望给大家减压。我们不是完美的父母，也不要幻想培养出完美的孩子。只有一家人用真挚的情感相对，才能创造轻松愉悦、互相信任的家庭氛围。有了这样的家庭环境，孩子就有了起步的安全港湾。

家庭是一个动态平衡的系统，每一个家庭成员都需要对建设一个亲密的家庭付出努力和贡献，父母是成人，更应该主动地去调整和孩子的关系。

建立良好的亲子关系，需要父母多一些同理心，真正地接纳孩子，与孩子真诚相处，打开沟通的渠道。

夫妻关系和亲子关系是相关的。家里的每个成员都很重要，都会对家庭关系起到重要作用。互相关心，坦诚沟通，才能建设良好家庭成员关系。

关心孩子的感受，
有时要优先于讲道理。

第五章

做有效的父母

很多父母阅读了大量的育儿书籍，以为按照书里的招式，就可以养出自己理想中的孩子。这样的希望往往是会落空的，因为孩子是一个独特的个体，而不是按照程序生产的产品。把育儿书籍当成说明书来调控孩子的发展，是行不通的。那我们应该怎么办呢？

父母既要了解儿童的发展共性，又要了解自己孩子的独特个性，只有将这两者相结合才能做更有效的父母。

养育方式类型

尽管很多父母都希望有一本养育孩子的说明书，来告诉自己怎样才能做最好的父母。但在实际生活中，我们会发现，不同家庭的养育方式差别非常大。

养育方式类型理论

发展心理学有一个经典的养育方式类型理论，是由美国心理学家戴安娜·鲍姆林德（Diana Baumrind）提出来的。她根据父母对孩子的支持程度和控制要求程度，将养育方式分为了四种类型。

（一）专制型

专制型父母很严厉，他们直接给孩子下达指令，而不给孩子解释为什么要执行这些指令，只需要孩子听从。他们的规定很严格，没有什么通融的余地，也不会倾听孩子的想法和感受。这类养育方式中，父母和孩子之间很少有真正的沟通。

（二）权威型

这里的权威并不等于专制，这一点必须要分清楚，这里的权威型可以理解为民主型的养育方式。在这样的家庭里，父母和孩子有很多沟通，会倾听孩子的想法，关心孩子的感受。不过，父母有明确的底线，并且有清楚的解释。当父母和孩子的意见有分歧的时候，他们会讨论，有可能会参考双方的意见重新做决定。

（三）放纵型

这种类型中的父母几乎不为孩子设立任何界限，凡事都让孩子自己做决定。这样的父母看上去挺民主，什么事情都由孩子。然而，做决定跟孩子的大脑发育、认知发展是相关的。当孩子还没有准备好的时候，即自身还不具备做一些决定的能力的时候，父母就把这些决定权放开，其实对他们的发展并没有什么好处。有的父母甚至连要不要弟弟妹妹这种事情，也让孩子来决定。要不要第二个孩子应该是夫妻二人的成熟考虑，这样的决定不是小孩子可以做的。

还有相当一部分放纵型父母，内心缺乏育儿的信心，不相信自己有能力影响孩子，或者不相信自己会对孩子有好的影响，所以干脆放任自主，而不愿意承担责任。

（四）冷漠型或忽视型

这种类型中的父母完全不参与孩子的生活，对孩子干什么也不关心。这类父母养出来的孩子是缺爱的，对孩子的伤害也是不言而喻的。

目前，大量针对这四类养育方式的研究发现：权威型养育方式结果最佳。这种方式养育出来的孩子，更愿意和父母吐露心声，亲子关系也因此得到了加强。研究还发现，来自权威型养育家庭的孩子，在面对困难时更加持之以恒，自信心水平更高，在社交和道德方面比较成熟，学业成绩也更好。

大家看到这个结论，是不是很激动？我有一个朋友就说："哦，这就简单了！以后大家都按照权威型养育方式去养孩子，不就可以了吗？"但是在现实生活中，究竟是什么样子的呢？

真实的生活里，不存在单一的养育方式

我给本科生上课的时候，会假设一些家庭情境，让学生根据指定的养育方式，去扮演这些情境里的父母和孩子，看他们具体会怎么说，怎么做。

学生们真的演起来就会发现，这四种养育方式的界限有时候不是那么分明。生活并不是按着剧本来进行的，有时候，父母的言行举止会随着孩子的反应而发生改变；而孩子的言行举止也会随着父母的反应而发生改变。他们还发现，当改变了情境中孩子的年龄和性别，父母的言行举止会发生改变，孩子的言行举止也会随之发生改变。

我们扮演了很多情境，同学们都说："我们的养育方式好像并不能完美地归入这四种类型里面的某一类。"通过这种

方式，同学们实实在在地感受到，父母和孩子是互动的关系，家庭是一个发展的动态系统。

真实的生活确实是这样，不可能像研究那样提炼得非常明确。据我观察，有的父母在物质上或者对待孩子的行为上是放纵型父母，但在对待孩子的学习上却变成了专制型父母。

现在，很多家庭的经济条件都不错。不少父母在物质上尽量满足孩子，几乎是孩子要什么就给什么。而在行为上，这些父母认为要尊重孩子的天性，几乎不对孩子设立什么行为界限。比如，有些孩子在公众场合高声喧哗，跟陌生人要吃的，玩陌生人的手机，而父母却不加阻拦。这些父母在这两方面，明显属于放纵型。

但是一旦遇到跟学习有关的事情，这些父母往往就无法放纵了。比如，有个妈妈的问题就挺典型的。她说："我的孩子 10 岁了，在学校没有什么学习兴趣，学习不主动。"深究之下，我发现她给孩子报了很多兴趣班，光乐器班就有两个，还有书法课、英语课、跆拳道课，假期还有画画课和阅读课。报了这么多兴趣班，孩子表示只喜欢画画和跆拳道，其他课很不情愿上。妈妈知道孩子很排斥，但还是坚持让她上。妈妈认为："我这都是为了孩子好，小孩子在学习上就应该无条件听父母的。"但其实这样做的效果很差。妈妈说孩子上那么多兴趣班，没有一样拿得出手的，而且在学校的学习成绩也大幅下降，做作业磨蹭，不听父母的话。我就跟她说："上那么多兴趣班，还要求孩子样样都好，这可能吗？毕竟每个孩子一天都只有24小时。”孩子做作业磨蹭，学习没有积极性，有很多可能，这个例子我觉得是因为父母过于专制，不听孩子的想法，强制她上太多父母想让她上的兴趣班。既然她没有办法对自己上什么兴趣班负责，那么，她也不愿意对课内的学业负责。我跟这个妈妈讲了这里面的道理，她听了我的建议，跟孩子商量，停掉了一些兴趣班，保留了孩子喜欢的两样。一段时间之后，孩子的情况好转了。所以，父母专制有时候得不偿失，伤害了孩子的自主内核，反而不利于孩子的发展。

这些家庭的经济条件都挺好，物质上也能满足孩子的要求，父母只要求孩子把学习和各种才艺学好就行，对其他方面不做要求。这种看起来很爱孩子的放纵型加专制型的父母，我们身边还真不少。

所以，养育方式类型的研究只能给我们为人父母的实践提供一些启发和线索，千万不能照着模板去套用。到了现实生活里，还是要把父母的言行举止，以及孩子的言行举止，放到当时的动态情景里面去思考。父母尽量使自己和孩子的交流通道保持打开状态，这是关键。

良好匹配模型

儿童的发展有着共同的规律。比如，大部分儿童都是先学会走路，再学会说话；一两岁的孩子和妈妈分开的时候都会哭闹，因为绝大部分儿童在这个阶段都会发展出分离焦虑。与此同时，儿童的发展又具有个体差异。有的孩子好动，有可能大动作发展的速度快一些；有的孩子喜欢听妈妈读书，有可能认字稍微早一点。每个孩子的发展轨迹都不一样，必定具有自己的特征和周围环境的特征。这一点，生态系统理论已经解释得很清楚了。

这就让我们做父母的犯了难。如果能有一个指导手册，教我们怎样才能更好地养育孩子，该多好呀！但是，因为儿童的个体差异，儿童生活环境的千差万别，这样的指导手册哪里也找不到呢！

虽然我们找不到这样的指导手册，不过，发展心理学为我们提供了很多可以通用的指导原则。本节给大家介绍的这个原则，就是从良好匹配模型发展出来的。

什么是良好匹配模型

良好匹配模型①是由心理学家托马斯（Thomas）和切斯（Chess）提出来的。

该模型指出，周围的环境（包括物理环境和人文环境）如果能够和孩子的特征（也就是先天气质）相吻合，二者相互作用，孩子的发展会更好。良好匹配模型建议，父母最好能够了解自己孩子的特征，用适合的方式来养育孩子，同时帮助孩子更好地适应周围环境。

受良好匹配模型的启发，我想提出一个更宽泛的养育原则。这个养育原则是，父母首先需要了解孩子的先天气质，随着孩子的成长，他们会逐渐发展出更丰富的特征，远远超过先天气质研究所测量的几个维度，然后父母需要在日常生活中逐步积累对孩子这些特征的了解，在看到孩子的一些行为和表现时，能够理解他们，因势利导，让他们的适应能力得到更好的发展。

比如，大宝有一个特点，当他遇到计划之外的情况时，就很容易紧张。他在上小学一年级的时候，如果我跟他约好

①良好匹配模型是建立在对婴儿先天气质（temperament）的研究基础上提出的，有兴趣的读者可以阅读《伯克毕生发展心理学：从0岁到青少年》。

了几点去接他，或者几点到家等他，哪怕我迟到两分钟，他都会很紧张。这样的事情发生过几次以后，我逐渐摸出他的这个特点了，就想办法帮助他。怎样才能让他不那么紧张呢？我一般会事先跟他演练，出现什么情况，他可以怎么做。比如，“如果妈妈偶尔没有及时赶到学校接你，一定不是忘记了，可能是路上堵车了，你可以在学校门口的长椅上稍微等一下。”当孩子把预想的情景都提前了解了，他慢慢就不慌了。

后来，我每次跟他约定时间、地点的时候，都会提前设想一下可能出现的不顺利的状况，并和他商量万一出现这种情况，后备方案是什么。

这就是养育方式的选择：理解他，找到适合他的方式，而不是简单地批评他，说“多大点事儿啊，怎么这么沉不住气”之类的话；也不是空洞的安慰，“你不用紧张，妈妈肯定会来的”等等。相反，我会具体教他怎么面对各种情形，以后他就能自己想出办法来面对突发状况。在此基础上，孩子通过面对真实的生活，适应能力也会逐渐得到提高。

选择适合孩子的养育方式

我们的养育方式应该帮助孩子更好地发展，而不是打压或强硬地纠正，也不是怨天尤人，放任自流。

现在，大多数父母都认为外向的孩子未来的发展会更好，因此都希望自己的孩子性格外向，能说会道。他们在态度和言行上，也表现出更欣赏外向的孩子和外向的行为，而对内向的孩子则表现出焦虑或者消极的态度，试图纠正孩子内向的行为。

有趣的是，我看到几个以前针对中国家庭的研究。20 多年前，中国的父母还不太喜欢个性张扬的孩子，当时的父母对内向的孩子是积极支持的态度。而在那个年代，内向的孩子在学业和社会性方面都表现出良好的适应性。

随着时代变迁，大多数父母和老师都认为，外向是孩子成功的必备要素，他们对内向的孩子就没有那么宽容和支持了。

曾经有人做过上海四年级内向性格的小学生与其社会适应性之间相关性的研究。1990 年的研究结果显示，内向性格的孩子与适应行为（学业能力、同伴接纳、学业成绩）呈正相关，说明这些内向性格的孩子适应性良好。然而到了 1998 年，这个相关系数减小了。到了 2002 年，内向性格的孩子却与适应行为呈负相关了，说明这些内向性格的孩子适应性不好。（见图 5）

内向这个特征本身并没有改变，为什么随着时代的变迁，内向孩子的适应性却变了呢？因为随着价值观的改变，父母和老师对待孩子的方式是积极还是消极，直接影响了孩子的适应性。

生态系统理论已经明确告诉我们：父母生活在一定的社会环境里，受到环境中文化和价值观的影响。而父母又会把这些影响间接传递给孩子，从而影响孩子未来的发展道路。

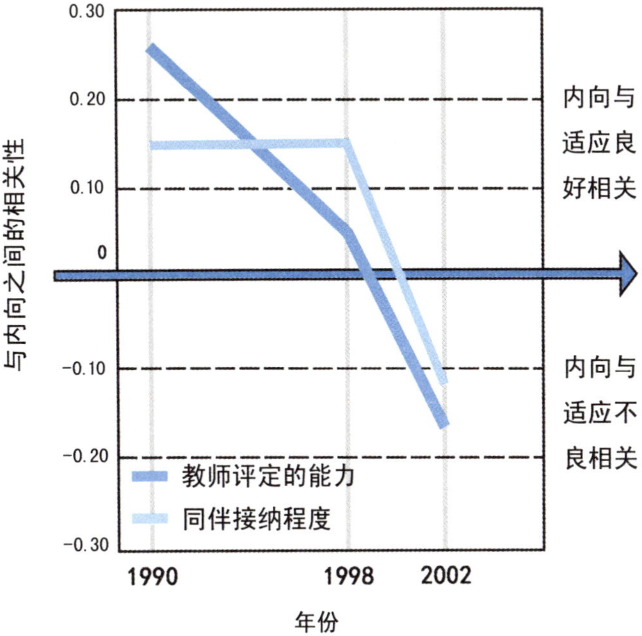

图5 上海四年级学生内向性格与社会适应性之间的相关性随时间的变化

很多父母会说：为了孩子“好”，我要改变孩子“不好”的地方。然而，我们必须承认自己存在局限性。从另一个角度或者从时间的纬度来看，我们现在认为的“好”不一定是真的好，我们认为“不好”的也不一定真的不好。

那么对孩子的发展来说，父母应该怎么做呢？

父母最应该关心的是自己用什么样的态度和言行举止去对待孩子。针对内向孩子的研究充分说明：只要早期得到很多支持和接纳，让孩子感到不管发生什么事，爸爸妈妈都是自己的靠山，社交策略是可以慢慢学的，内向的孩子也不见得比外向的孩子差。同理，只要父母给了孩子强大的安全感，孩子的适应性也是可以慢慢发展的。

做有效父母的三个要素

前面我们讲到现实生活不等于研究，无法照搬研究中的养育方式类型。其实发展心理学的研究人员也注意到了这样的问题，因此致力于研究每一种类型里包含的内容，后来发现，每一种养育类型其实都有很多组成部件。我们把这些组成部件一一打开，看看究竟是哪些组成部件可以让父母成为最有效的父母。目前，发展心理学通过大量研究和实践，发现了有效父母的三个要素。

第一个要素：找到平衡点

我们都知道，孩子的成长是一个不断独立、自己做出选择的过程。而父母的责任在于提供条件和帮助，当然包括对孩子的监督和建议，从而让孩子更好地走向独立。

由于大脑发育和认知的局限，孩子在很多时候都需要父母的帮助。比如，监督他们完成一些事情，在做选择之前给他们提供一些信息，等等。父母毕竟是成人，掌握的信息比孩子更多，经验也更丰富。

然而，有的父母会有一些极端的做法。

其中一种极端是，父母完全代替孩子做选择，不给孩子思考和决策的机会。这样的孩子丝毫没有自主权。

另一种极端是，父母完全放手，从不给孩子出主意或者帮助孩子分析当前的选择有何利弊。这样的孩子会感到孤立无援。

当然，处于这两种极端的父母是少数，大部分父母处于中间地带的某个位置。那么，有效的父母应该怎么做呢？

我们需要在这个中间地带找到让自己和孩子都感到舒适的点，这就是所谓的平衡点。

要注意的是，这个平衡点并不是父母一方找到的，而是父母和孩子在一起通过互相观察——我观察你对我言行的反应，你观察我对你言行的反应——不断调整才找到的，所以这个平衡点不可能是一成不变的，而是不断发展变化的。随着孩子年龄的增长，他们的认知能力和其他各种能力逐渐进步了，父母可以试着慢慢放手。有时候让孩子犯点错也没什么，早点犯错，早点吸取教训，损失反而更少。

另外，父母和孩子需要通过彼此间的互动找到适合自己家庭的平衡点，并不存在一个普遍适用的平衡点，别人的家庭模式我们也无法复制。

第二个要素：交流和沟通

有效的父母肯定是有底线的，但底线并不是由专制而来。父母要详细跟孩子解释：我为什么会有这样的底线，如果不遵守这样的底线，可能产生什么样的后果。注意，这个后果并不是说：你不遵守，我就要惩罚你。这是专制。有效的父母会告诉孩子，每个行为都会产生一定的结果。有的结果是好的，有的结果是不好的，我们需要尽量避免不好的结果。如果真的做错了，也不是世界末日，只要以后避免犯同样的错误就好了。如果对他人造成了影响，要想办法去弥补。

比如，上课时不能不举手抢着回答问题。愿意回答问题是好事，但是必须尊重老师和同学。如果大家都不举手抢着说话，那谁也听不清谁在说什么，所以要记得举手。

又比如，食堂里不能打打闹闹。因为食堂是拿食物和吃饭的地方，经常会有人端着食物走过。如果因为打打闹闹而撞翻食物，就有可能被烫伤，或者把食物洒在地上。这时万一有人没看见，就会因为打滑摔倒而受伤。

有效的父母会常常跟孩子沟通，并提前告诉孩子一些违反行为规范的后果。这样孩子会更愿意敞开心扉，也更愿意心服口服地去做。

在这里，我又要强调同理心。父母常常觉得很多事情特别简单，为什么孩子就是不明白呢？我们必须考虑到孩子的年龄和生活阅历，很多事情他们确实想不到。所以，父母不能对孩子要求太高。如果我们可以从孩子的角度出发去跟孩子沟通，我们说话的口气会好很多，孩子也会更服气，更愿意和父母说话。

另外，父母要看到孩子的发展是一个整体。有时我们做好一件事，可以促进孩子多方面的发展。比如，父母经常和孩子沟通，可以锻炼孩子的逻辑思维能力、语言表达能力、情绪表达和调整能力、自控力、人际交往能力等等。这也是整体养育很重要的原因。

我家两个孩子上小学高年级以后，开始喜欢看我的书，就连我的教科书、育儿书，他们也看过部分章节。看这些书的好处是，帮助他们了解和表达自己。他们会说："哦，原来这样的行为挺正常的，大部分孩子都曾有过这个阶段。哦，我可以告诉父母我的想法，有时候我们可以共同决定一些事情。"同时，他们也会知道爸爸妈妈的一些底线是有依据的，而不是随意乱说的，或者知道爸爸妈妈也在用书中的办法提醒和帮助他们。因此，从我家的经验来说，孩子上了小学高年级以后，我们的沟通越来越轻松了。

第三个要素：温和、支持的养育方式

大家可以想一下：如果有一件事情你拿不定主意，你是愿意听一个你信任的人，还是一个你不信任的人的意见呢？肯定是愿意听一个你信任的人的意见，对不对？

那么，怎样做才能让孩子信任父母呢？我们在第三章强调了亲子关系的重要性，在第四章强调了要做真实、有血有肉的父母。总之，建设好亲子关系是重中之重。

温和、支持的养育方式，能够让孩子感到父母和他们是站在一起的，可以帮助他们面对困境。

我举个最常见的例子。很多父母在给我的来信中，懊恼自己在孩子上学前没有做任何准备，导致孩子在入学的最初几个月跟不上班里的学习进度。这时父母往往扛不住老师的指责，把这些压力转嫁到孩子身上，对孩子非打即骂。这就不是温和、支持的养育方式了。

其实，越是这样的时刻，孩子越需要父母的支持，因为孩子也会感受到来自老师的压力。回家之后，父母应该给他们解压，并用一些具体的办法帮助孩子跟上学习进度。比如，了解孩子的作业情况，了解孩子的困难，帮助孩子做好预习、复习，并跟老师积极沟通，等等。这才是温和、支持的养育方式。

当孩子遇到困难的时候，我们越是温和地帮助他们，亲子之间的关系就越亲密，孩子也会越信任父母。

灵活运用育儿法则，避免各类育儿陷阱

在生活中，很多父母因为不理解育儿法则背后的原理和来龙去脉，很容易掉进各类育儿陷阱。

因此，我常常提醒大家，在育儿的过程中要记得随时把一些相关知识点联系起来，真正理解背后的原理和来龙去脉。只有自己真正理解了这些育儿原则，才能在使用的时候做到灵活运用。

下面介绍几种常见的育儿陷阱。

第一种陷阱：生搬硬套

曾有位妈妈问我："父母在教育孩子的时候，应该说到做到，对吧？可是这很难做到啊！"

我说："父母大致上要言行一致，不过生活有时候很复杂，父母不太可能百分之百说到做到。具体怎么做，要看当时的情况。比方说，我们家有一个规定：除了周末，平时不可以玩游戏。但有时候孩子们把事情都做完了，问我能玩会儿游戏吗？我一般也会允许。孩子们也不会因此以后都来钻空子。他们能明白事情的前因后果和一些潜在的条件。”

这位妈妈接着说：“我家两个孩子，姐姐一着急就会对妹妹动手。有时候爸爸会说，你再这样我就打你手了哦！可是他一直只是说说，从来都不打。”

我说：“可是爸爸打孩子，也不是一个好的解决办法啊！”

她说：“我就是希望爸爸真的打几下，让姐姐意识到，父母不是只说不做的。”

我说：“这个源头就是错的。不是爸爸说了要打她，就要坚持说到做到的原则，一定去打她。解决孩子打人的问题，用打孩子的办法肯定是行不通的！”

我发现这种现象非常普遍。很多人看到一个育儿原则，往往不去思考这个育儿原则到底是什么，有什么条件，或者意义在哪里，而是不分青红皂白就按这句话去做了。

那么，我们应该怎样理解“说到做到”的原则呢？我认为，这个原则指的是父母的自律。比如，父母答应孩子的事最好要做到，如果实在做不到，也要跟孩子解释清楚，并请求原谅。

比方说，我去买菜之前，答应小宝给他带一个爱吃的点心，结果却忘记了。回家后小宝问我：“妈妈，我的点心你买了吗？”我说：“对不起，妈妈今天忘记了。我现在就记在手机里，下次肯定不会忘。”小宝说：“没关系，妈妈，那就下次买吧！”

很多时候，孩子其实并不在意这些小事，但是可以通过这些小事，看到我们重视他们的态度。日积月累，孩子就会信任我们。对于父母来说，孩子的这份信任是非常宝贵的！

刚才那个妈妈提到的两个孩子打架，本来就不能靠打孩子来解决问题。父母可以平时多和孩子讨论，有哪些解决问题的办法，多考虑孩子的感受，慢慢培养孩子的同理心，等等。如果父母解决问题的办法本来就不对，还非得坚持所谓正确的育儿原则，这条路就不知道偏到哪里去了。

父母要记住：无论多好的育儿法则，都必须用对地方才行。这是一个特别明显的例子。现实生活中不知道还有多少不明显的、似是而非的事情，很多父母连自己走偏了都不自知，还自以为是在遵循“育儿法则”呢！

第二种陷阱：盲目蛮干

前几年非常流行教孩子分享。这本来是一件好事，但在实际做的过程中，很多父母却不经过孩子的同意就把属于他的东西送给别人，把“分享”变成了“分派”。这样的做法造成了很多问题。

很多人虽然知道这样做确实不对，可是却不知道问题到底出在哪里。这些人的思路是直线的，他们认为教孩子分享，就是让孩子把自己的东西分给别人。等到发现这么做的结果不好，就又直接得出结论：既然这样做不好，那就干脆不教孩子分享了吧！

其实，想让孩子学会分享，需要先让孩子具备一些基本的观念和能力。

第一，孩子需要明白物品的所有权以及自己的决定权。

我们想让孩子分享，是让孩子把自己的东西分享给别人。那孩子首先要明白——这个东西是我的。父母要尊重孩子对自己物品的所有权，允许他们拥有自己的东西，并且能够对自己的东西做主。只有这样，孩子才能逐渐明白什么是主动的分享。

比如在我们家，大部分玩具是大宝和小宝共有的，但两个孩子也都有属于自己的玩具。我不会强行让他们分享，而是让他们自己决定。如果他们自己决定不分享，那就听他们的。只有这样，孩子才能明白：别人想要我的东西，需要尊重我，事先征得我的同意；同样，别人的东西我也不能随便拿，需要得到别人的允许。这是孩子在学习分享之前必须具备的观念。

第二，孩子要初步学会从别人的角度看问题。

孩子的社会认知需要发展到一定程度，才能初步理解从别人的角度看问题。一般到了三四岁，孩子开始能够从别人的角度看问题。比如，在争抢玩具的时候，父母可以让孩子想一想：别人这样对待你（比如一言不发把你正在玩的玩具拿走），你是什么心情（你会生气吗）？现在你这样对待别人（比如把全部小车拿到你这边，不让别人碰），别人会是什么心情？他们往往能开始理解自己的行为可能会对别人产生影响。而且，三四岁的孩子已经有了同理心的萌芽。在同理心的促使下，孩子常常会有分享的举动。

如果父母在孩子还不具备这些概念和能力的时候，比如孩子才刚刚一两岁的时候，就强行拿走孩子的东西，美其名曰分享，其实会伤害孩子的社会性发展。

很多父母在育儿的路上总是磕磕绊绊，踩了一个又一个坑，就比如父母在培养孩子分享这件事情上。孩子分享的行为是可见的，然而孩子需要具备的概念和能力却是不容易看见的。如果父母还没有搞清楚究竟什么是分享，孩子懂得分享之前需要具备什么能力等这些背后的原理，就开始从字面意义出发去纠正孩子的行为，就很容易把路走偏。

因此，建议父母在行动之前，最好先了解一下育儿理念或者原则的来龙去脉。千万不要一看到什么育儿理念或原则，就开始按照自己的理解盲目蛮干。父母只有真正了解了这些育儿原则背后的条件，才能做到灵活运用，真正促进孩子的良好发展。

第三种陷阱：情感缺失

有的父母看了很多育儿文章，自认为学了不少，但是做起来却常常发现很不顺畅。育儿文章里明明说，只要我这么说或这么做，孩子就会有相应的反应，可是为什么我家孩子却不那样反应呢？或者，为什么我照着做了，却感觉这么别扭呢？

如果你有这样的感觉，一定要问问自己：我是不是被育儿的各种条条框框束缚住了，以至于丧失了真实的情感？

我们和孩子一起生活，不要每时每刻都绷着一根“教育”的筋。其实很多时候，我们并不需要那么多方法，只需要发自自己的真实情感。在父母和孩子的互动里，真实的情感真的很重要，所以我在第四章专门讲了真诚的原则。

有个我印象很深的例子。有一次，我让学生们回家问问孩子，你最爱谁。一般会说话的孩子，我们都可以去问问，他们的回答确实是最纯真、发自内心的感受。

于是，有个妈妈在晚上睡觉前问女儿：“你最爱谁？”女儿说：“最爱妈妈”。妈妈立刻说：“不对，你应该最爱自己！自爱最重要，自爱就是好好爱自己。”她的女儿还不满四周岁，听了妈妈的话很困惑，当时就愣住了。这位妈妈又解释说：“一个人只有自爱了，才会变得强大，才会有能力去爱你想爱的人！”

我不知道大家看到这里是什么感受。抛开所有育儿文章的条条框框，我们用情感来想象一下这样的情形：当你跟别人说“我爱你”的时候，别人却回答说，“不对，你应该最爱自己。”你会不会感觉自己被泼了一盆冷水？就好像自己满腔热情，却抱住了冰柱。

自爱重要吗？当然很重要。这位妈妈说错了吗？也没有说错。但是，我们要看这句话是对谁说，在什么样的情境下说。

一个不到四岁的孩子，她说最爱妈妈并没有错，这是孩子的心声。而且不到四岁的孩子，自我概念的发展才刚刚开始。自爱的概念必须建立在对自我有概念上，并且认识了自我价值以后才可以理解。在孩子还不到四岁的时候，即使妈妈解释了什么是自爱，孩子对“自爱”的理解和成人的理解也是完全不同的。孩子根本没有办法按着妈妈的思路去理解啊！

在孩子吐露心声的时候，父母最自然的反应是什么呢？如果是我，我会马上说，“我也最爱你，宝贝！”并给她一个亲吻，一个拥抱。这种情感上的回应是最自然的，我们在做出这种回应的时候，也不会觉得别扭。

什么是自爱？自爱就是爱自己，肯定自己是有价值的。对于孩子来说，这需要一定时间才能发展出来。孩子在年幼的时候，是怎么发现自我价值的呢？首先，他需要从父母那里得到很多很多的爱，然后才能逐渐肯定自己的价值，并很自然地会爱父母、爱自己。爱父母和爱自己，这两件事情根本不矛盾，而是统一的。

父母在养育孩子的时候，难免会受到自己价值观的影响，也会受到自己过去成长经历的影响。我很感激这个妈妈真诚地跟我分享她的故事：她从小在农村长大，进入社会以后觉得自己不够“自爱”，所以特别希望女儿能够从小学会自爱，所以经常为孩子灌输自爱的观念。这其实是父母自己成长路上的心魔，自己缺什么，就特别希望孩子有什么，因此很容易在某个方面用力过猛。

然而，孩子的发展并不需要我们这样无谓的用力。要记住，不要用自己的心魔束缚了孩子。我劝慰那位妈妈：你可以这么想，自己在农村长大，不够自爱，是什么原因呢？是不是因为从父母那里得到的爱不够呢？是不是因为对自我的价值不够肯定呢？而现在，你的女儿和你当年的环境完全不同了，你可以给她足够的爱，根本不用刻意去给孩子灌输自爱的重要性，也不用担心孩子以后不够自爱。因为在你给孩子很多爱的时候，孩子也会学会爱父母、爱自己。从生态系统理论出发，孩子成长的生态环境和父母当年成长的生态环境不一样了，所以发展也会不一样。

因此，我们不用总绷着弦，一天到晚想着教育孩子，把自己说的每句话都去琢磨出个意义或者作用。我们和孩子一起生活，有时候要学会放下“教育”这根筋，这样才能更轻松地享受甜蜜的亲子时光。

养孩子需要理性和常识，但也一定不要忘记自己的情感。理想的育儿状态，是理性和情感的相互结合。有时候可能理性多一些，有时候可能情感多一些。总之，要学会根据具体的情况，自己做出调整。

本章小结

这一章希望大家能够对如何做有效的父母心里有数，也能够慢慢去修炼自己，争取做有效的父母。

首先给大家介绍了不同类型的养育方式。这些在网上都能看到，我不希望大家将理论的养育方式刻板地套在自己身上。希望大家理解生活和理论不是一回事，活生生的、动态的情景需要父母多方位思考和灵活运用育儿方法。

我还给大家介绍了良好匹配模型。希望大家理解孩子发展的一些共性，掌握育儿的大原则。要注意的是，任何原则在运用到自己的家庭时，都必须做出调整。因为不论什么育儿原则，只有匹配自己的孩子，才是最好的。

我们要争取做一个温和、支持的父母，而不是威逼利诱或者冷漠无情的父母。我为大家介绍了做有效父母的三个要素，并提供了一些行之有效的方法。

最后希望大家能够真正理解这些育儿理念和原则背后的原理，避免各类育儿陷阱，争取做到理性和情感相结合，做真正有效的父母。

从"心"理解孩子，
而不是只用套路和教条。

第六章

和孩子建立情感链接

在日常生活中，我们常常会发现，自己的言行举止很容易被情绪所左右。很多生活中的小事，无论父母还是孩子，往往受自己情绪的驱使，会激发出对方的消极情绪，使得原本可以平和解决的事情陷入僵持和哭闹。

在第四章中，我提过和孩子建立情感链接。这一章，我把它作为重点，希望大家把这作为一个和孩子互动的大原则。也就是，无论在任何情况下，父母都要理解孩子的情感和需要，和孩子建立情感链接。父母要立足于孩子的角度，和孩子一起面对未来，帮助孩子成长。有了这样的立足点，父母才不会再害怕孩子的消极情绪，也才能够真正理解孩子。

做一个有同理心的父母

很多父母无法抚慰孩子，是因为他们没有在同理心的基础上理解孩子。比如，孩子正在为心爱的玩具坏了而伤心地哭泣，妈妈却说："别哭了，有什么大不了的，不就是一个玩具吗？咱们再去买个新的。"

妈妈因为不想看到孩子哭，便否定了孩子的情绪，但是孩子并不会因为妈妈这么说就停止哭泣，觉得妈妈说得对。

如果妈妈代入孩子的处境，就能够理解孩子的情绪：我心爱的玩具坏了，我真的很伤心，一个新的玩具并不能替代原来的玩具，我再也不会有同一个玩具了，虽然哭并不能让我的玩具回来，但是我需要用哭来表达我的情绪。这就是孩子的心理。

这样的例子很常见。妈妈自认为在安慰孩子，其实并没有理解孩子的情感和需要，孩子当然会不依不饶地哭闹。

如果父母能够用同理心去理解孩子的心情，优先照顾孩子的情绪，而不是急着解决问题，让孩子停止哭泣，会怎么样呢？

“宝贝儿，你心爱的玩具坏了，我知道你很伤心。来，让妈妈抱抱。”这时，我们必须真心实意地理解孩子，并用自己的身体语言或语气来表达自己对孩子的理解。这才是有同理心，这才是对孩子情绪的接纳。虽然玩具坏了是一个无法改变的事实，但是妈妈可以说出孩子的愿望，“我也希望这个玩具没有坏掉”，或者说出这个玩具曾经带给孩子的欢乐。只有接纳孩子，孩子的情绪才会慢慢平复。

如何做有同理心的父母

很多父母没有从孩子的角度去看待问题，所以很难接纳孩子的消极情绪。

曾经有一个妈妈问我：“我的孩子 3 岁多了，只要她没有得到自己想要的东西，或者我不让她做她想做的事情，就会开始哭。从小到大，我一直跟她说，‘哭是没用的，你慢慢哭，哭好了再来跟我商量。’孩子总是要过很久才能平静下来。”她很困惑，不知道自己哪里做错了。

一个 3 岁多的孩子，对各种情绪的认知和表达还在发展过程中，我们需要让孩子去体验各种不同的情绪，并逐渐懂得在什么样的情景下，有什么样的情绪是正常的。这样孩子才能慢慢学会用合适的方式表达自己的情绪。更何况，3 岁孩子的自我调整能力才刚刚开始发展，根本就不会因为妈妈冷冰冰的一句“哭是没有用的”，而做到说不哭就不哭。

很多父母误以为，哭代表着孩子无法管理自己的情绪，因此完全接纳不了孩子哭这件事。然而哭真的没有用吗？对于小孩子来说，哭是很自然的情绪表达，怎么会没有用呢？其实大人也知道，很多时候哭虽然无法解决问题，但却可以缓解情绪。人在哭过之后，心情会放松很多。

从孩子的角度感受他的想法和需要

我们可以体会一下这个妈妈的话：“哭是没用的。你慢慢哭，哭好了再来跟我商量。”不知你有没有感受到，妈妈的话里透露出一种冷漠。

第一，小孩子很难准确地表达自己的需求。孩子有什么需求，除了让他自己说，更多时候需要父母去观察、去思考。

第二，妈妈可能会认为，“我也没有不接纳孩子啊，我都说了哭好了再来找我，既没打她也没骂她，更没有不准她哭。”但是从孩子的角度来看，哭的时候并没有得到妈妈的安慰，这其实就是妈妈的不理解、不支持、不接纳。

打个比方，我们大人有时候也会很难过，会想找个亲近的人发泄一下，期待得到一些安慰。这时如果那个人说，“行，你自个儿去哭吧，哭好了我再跟你说。”想一想：你会是什么感觉？这里有对情绪的接纳吗？

如果父母不接纳孩子的情绪，孩子也就很难接纳自己的情绪。当孩子经历消极情绪的时候，说不定也在想：我也不想哭，可是我停不下来啊，妈妈又不来帮我。这种感觉真的很糟糕。

因此，当孩子有负面情绪的时候，父母不要把它当成麻烦，而要当成一次和孩子建立情感链接的机会。只有我们做一个有同理心的父母，孩子才会在他不开心的时候来寻求父母的帮助。哪怕父母并不能马上帮他解决问题，但是对孩子来说，父母在这个时候给他的心理和情感上的支持，是非常重要的。

重新理解共情，抚慰孩子的情绪

近两三年，很多父母对共情和接纳孩子的情绪这些育儿理念并不陌生，然而在实际应用中却常常遇到问题。比如，我就常常听到有些父母说：共情不好用啊，为什么有时候我越是跟孩子共情，孩子反而闹得越厉害？

什么是共情？

共情，其实就是同理心。为什么父母会觉得共情不好用呢？因为他们只是把共情当成了一个工具，只想把孩子当成问题解决掉，而没有真正地与孩子共情。

父母如果因为害怕孩子的情绪而逃避，就没有机会和他们一起面对负面情绪，也就没有机会去帮助他们。父母不帮助孩子，孩子怎么建立起对父母的信任呢？

我们曾在第二章第二节中强调过，父母一定要转变观念、转变角度。如果父母在孩子哭闹的时候，能把视角转到孩子的角度，可能会更好地解决问题。

很多父母可能会说：但是我们有时候确实没有办法满足孩子，那怎么办？比方说，孩子的玩具坏了，再也买不到一模一样的了；或者孩子的好朋友搬家了，我们也不可能不让人搬家啊！

下面我给大家介绍两种抚慰孩子情绪，解决问题的有效办法。

抚慰孩子情绪的有效方法

第一种办法：尝试理解孩子的心情，想办法和孩子展开对话，因为一旦能开始对话，孩子就能渐渐缓解情绪。

有个爸爸给我讲了这样一件事。

他带着自己 6 岁的孩子去听音乐会。孩子非要自己拿着票，爸爸就允许了。结果听到一半，孩子找不到票了，急得哇哇哭。当时音乐会正在进行，根本就不能在音乐厅找票，爸爸只好尴尬地带着孩子走了，孩子也很不高兴。

其实像这种情况，如果爸爸对孩子足够了解，能够预见到可能出现的情况，并做到防患于未然，这顿哭闹是可以避免的。

这么小的孩子喜欢自己做事，愿意承担责任，这是好事。爸爸可以事先告诉孩子："那爸爸就把这张票交给你，你可要保管好哟！”同时，爸爸最好帮孩子找一个安全的地方，比如一个有拉链的口袋，让孩子把票放进口袋，并拉好拉链，告诉孩子这样就不容易丢了。

那万一票真的丢了，孩子还在哭，应该怎么办呢？

如果爸爸不耐烦地说：“票丢了就是丢了，我能怎么办？”孩子说不定会被爸爸的态度激出更生气的情绪。

这时，爸爸可以尝试理解孩子的心情。很多父母可能会说：“我知道怎么做，育儿书里都有教，父母需要说出孩子的心情。”好，我们假设爸爸说：“宝贝，票丢了，爸爸知道你很伤心！”那么会怎样呢？孩子可能会平静下来，但也可能会哭得更厉害。

关键是接下来的步骤，爸爸要想办法抚慰孩子。比如，爸爸可以接着说：“真希望我能有魔法，一打响指，这张票就能自己找到我们。”然后，爸爸可以真的打个响指，等一下说：“唉，我没有魔法啊！”这时说不定孩子就笑了。

当然，我们也可以用别的办法来解决或者预防问题。比如，爸爸可以给孩子提建议，或者跟孩子一起讨论。“以后咱们可以把票放在这个兜里，这样不容易丢。你觉得还有什么地方比较安全？”这时爸爸可以用一些比较幽默、搞笑的方式和孩子展开对话。比如，爸爸说：“我把票放到头发里面，行吗？”孩子可能被逗乐了：“这不行。”爸爸就可以接话了：“啊，不行啊，那你觉得哪里可以呀？”一旦开始这样的对话，孩子自然就冷静下来了。而且，这样还可以帮助孩子思考解决问题的办法，并从中吸取教训，避免以后再出现同样的问题。

所以，当我们没有办法顺着孩子的时候，我们可以先安慰孩子，让孩子觉得爸爸妈妈理解他的心情，这就是共情。然后要想办法解决问题，让孩子知道票有弄丢的风险，他有保管好这张票的责任。那我们怎样做才可以保证不丢呢？让孩子自己也想一些办法，相信他下次肯定会特别小心。

第二种方法：展开想象。

很多孩子都有一个自己最爱的玩具，如果有一天，这个玩具突然丢了，到处找都找不到了，孩子肯定会特别难过。

遇到这种情况，有的父母可能会想着：只要买个一模一样的玩具，孩子就没事了。而这种否定孩子情感的做法，肯定是行不通的。可能在大人眼里，这只是一个玩具，然而在孩子眼里，这是一个伙伴。

这时，父母一定要理解孩子的心情，还可以与孩子一起展开想象。比如，我们和孩子说："再也看不到小熊了（或者直接说出小熊的名字），我也很难过。真希望它能够立刻出现在我们眼前。你说它会去哪儿了呢？"然后，你和孩子可以一起展开想象，小熊可能会去哪里，有什么经历，交到什么朋友……这样的想象常常可以安慰孩子。

刚才说的孩子丢了票的事情，其实也可以展开想象。比如，爸爸可以用幽默的语气描述这张票怎么在人群脚下逃生，然后找到一个安全的地方，等等。

所以，有时候只需要一点童心，就可以帮助我们更好地抚慰孩子。

上面说的这两种方法，是我针对一些特定的情景想出来的。这样的方法既能够真正安慰孩子，又能够帮助孩子平静下来，多数时候还是挺有效的。如果父母觉得对自己的孩子不起作用，就需要多观察和了解孩子，关键是理解他的心情。有时候，孩子的心情可能会反复。比如，孩子心爱的玩具丢了，可能当时情绪好一点了，过几天又会很难过。遇到这样的情况，父母也要包容孩子，允许孩子慢慢来。

与孩子共情的关键点：真实的情感

当我们在与孩子共情的时候，要注意一个关键点：父母必须要有真实的情感。这一点，我在第四章已经讲过。

有些父母觉得，只要学会几个句式就行了："我知道你是什么心情"，或者"我理解你"，他们认为这就是共情。其实并不是这样的！这里最关键的不在于父母说了什么话，而在于父母是不是真的理解了孩子。父母在这时流露出的情感是否真实，做得是否到位，孩子是可以感受得到的。

大宝小时候有一个心爱的小熊玩偶，他整天都带在身边，就连出去玩也不例外。在他 6 岁那年，我们一起出去玩，因为他已经会收拾自己的小书包了，离开酒店之前我就没有检查他的小书包。结果等到车开出去 1 个多小时了，大宝突然问："妈妈，我的小熊在哪里？"当时我一下子蒙了，如果小熊丢了，大宝肯定会特别难过。爸爸赶紧开车下了高速，找到地方停了车，并给酒店打电话，看是不是落在那里了。爸爸打电话的时候，大宝就默默流泪。我一边抱着他，一边摸着他的背，还时不时地给他擦一把眼泪。这个时候，其实我都不用说“我很理解你现在的心情”，因为爸爸妈妈已经用行动表明了，我们不但理解他，而且在积极想办法解决问题。所以他只是默默流泪，并没有失控地大哭大闹。很幸运，因为电话打得及时，收拾房间的人在床单里找到了小熊，后来帮我们用快递寄回了家。大宝收到小熊那一刻特别激动，后来还在作文里专门写了这件事。他说：“收到小熊的时候，是我的魔法时刻。”当然从那以后，我们也吸取了教训，出去旅行就不带着小熊了。

当父母真正学会从孩子的角度看待问题，从心出发理解孩子，再通过共情跟孩子建立情感链接，很多事情的发展也就自然而然了。

理解孩子情绪背后的心理

当孩子哭闹的时候，很多妈妈会认为孩子不讲道理。但我却认为，孩子只是需要大人理解他们的情绪。孩子在得到理解后，原先困扰他们的问题可能就不是问题了。那么，怎样才算是理解孩子的情绪呢？

从心出发，真正理解孩子

一个两岁半的孩子迷上了超市里的手推车，怎么都不肯还车。孩子的妈妈说："我接纳她的情绪了呀，可是为什么我越是说'妈妈理解你，你现在还不想还车'，她哭得越厉害了？"

在这个例子中，妈妈自以为接纳了孩子的情绪，心里想的却是让孩子做她想让孩子做的事——不要哭闹，赶紧把车还掉。妈妈只不过试图把“共情”当作工具，用句式堵住孩子的嘴。这并不是真正的共情，妈妈也并没有真正理解孩子的情绪。

孩子哭闹，不是妈妈说一句“你现在还不想还车”就算是共情了，妈妈需要从心出发，真正理解孩子。比如，妈妈可以说：“妈妈知道你喜欢推车，会用这个推车做很多事情。”妈妈这时可以描述孩子玩推车的方式，也可以描述孩子玩推车的心情。当然也可以像前面一样，给孩子提供一些建议，比如“我们可以明天再来玩”，或者从网上给孩子买个玩具推车，等等。

我常常听到很多父母说，“不是说跟孩子‘共情’很管用吗？为什么在我这里却没有用？”他们其实就像这位妈妈一样，只学会一个句式，然后就跟孩子僵持在这里了。我想告诉大家，并不是共情没有用，而是很多父母并没有做到真正的共情。其实，养育孩子并没有什么套路，关键在于能不能真正理解孩子。

透过表象，看到孩子情绪背后的心理

有时候，父母和孩子之间的冲突，是因为父母不理解孩子，对孩子的一些行为做出限制，反而激起孩子的反抗而引起的。如果父母不被孩子激烈的情绪分散注意力，而是让自己集中注意力思考：孩子到底要什么，此刻我能为孩子做什么？从这样的角度出发，会化解很多不必要的冲突。

我再给大家讲一件我经历的事情。

有一次，我跟朋友一起出去吃饭，她带着3岁的孩子。上菜前，我们每个人面前都摆了一套餐具。这时，孩子突然想把自己的碗和勺子拉得更近一些。朋友一边跟我说话，一边随手把碗放得远了一些，孩子就闹起来，非要这个碗。

妈妈很耐心地讲道理："菜还没来，你现在也不需要用碗啊！妈妈不想让你玩这个碗，因为万一不小心，你会把碗打碎。"

孩子听不进去，在一边扭来扭去，刚开始还只是闹，后来就大哭了。

妈妈不好意思地跟我说："你看这孩子，一不顺着他的意思就哭闹！"

她看孩子止不住哭，就抱着孩子说："我知道你现在很不高兴。可是我真的不能让你玩这个碗，这不是你的玩具啊！"

可是她越说，孩子哭得越厉害了。最后，她无奈地说："没招儿了，看样子只有拿出手机这个法宝了。"

这位妈妈是不是做到了共情？我认为没有。她这种说法，其实跟刚才那个孩子不想还推车的妈妈是一样的。她满心想的是，我知道你想做这件事情，但是你就是不能做这件事情。

我观察了一会儿，然后说："你等一下，让我来试试。"

然后，我看着孩子的眼睛，真诚地跟他说："宝贝，你先别哭啊，等阿姨跟妈妈商量一下。"

然后，我跟朋友说："你就听我的，把碗给孩子。"

她很怀疑："你确定能行？"

我说："没问题，看我的。"

我拿过碗，放在孩子面前，用一种给他重要任务的口气说："好了，阿姨现在把这个碗交给你保管，不过要注意不要掉到地上哟！"

结果怎么样？孩子立马不闹了，并且一直到我们吃完饭，孩子的这个碗还是好好的。

我为什么会这么做呢？因为我知道，2~4 岁的孩子正在发展自我意识，他们喜欢"我长大了"的感觉，需要建立自己的能力感。因此，这个年龄的孩子特别喜欢探索自己的能力，常常强烈地想尝试一下：我现在能干成什么事，暂时还干不成什么事。与此同时，他们的自我意识情绪也正在蓬勃发展，孩子如果能干成一点力所能及的事情，会很有自豪感。

我猜想，这个孩子想把碗拉到自己面前，有多种可能性。

有一种可能是，他心想："别人的碗都放在自己面前，为什么我不能把碗放在面前？我可以照顾好这个碗！"

另一种可能是，他就是想玩这个碗。

不管是哪种可能，我所做的，其实只是轻轻拨动了一下他的关注点。我把碗郑重其事地交给他保管，满足了 2~4 岁儿童普遍的发展需要。我传递的信息是——"我信任你，我相信你的能力"，他会因此产生自豪感。即使孩子最初只是想玩这个碗，但是因为我的信任和委以重任，他的内心肯定会升起自豪感，想保护好这个碗。所以他不再闹了，而且一直到吃完饭，这个碗都好好的。

可见，从心出发，真正理解孩子，是多么重要。

我的这个朋友受过很好的教育，也看过很多育儿书，对待孩子很有耐心。她的脑子里虽然储藏了海量的育儿技巧，但是在面对真正生活的时候却蒙了。其实，现实生活中有很多人像她一样，只要看到孩子哭闹的表象，就马上认为“这是情绪问题”，继而把“共情，说出孩子的情绪”当成万能药。然而在很多情况下，这个“万能药”根本行不通。既然妈妈担心的是孩子把碗打破，我就想办法既满足孩子的需要，又让他不把碗打破。根据孩子在这个阶段的发展特点，他需要建立能力感，自我意识情绪也在飞速发展，因此很在意别人的评价。当我告诉他，我相信他可以保管好这个碗时，他肯定不会辜负我的信任。这个问题就解决了。

因此，父母不要害怕孩子有消极情绪，也不要认为消极情绪是错的，而要尽可能理解孩子行为的背后有什么样的心理需求，导致他们表达出这样的情绪。当我们真正理解了孩子情绪背后的心理，就更容易和他们建立情感链接。

还有很多人担心，如果这么做，那以后孩子会不会有这种想法：我想要什么就哭，这样就能得到我想要的东西。

希望大家不要只通过表面、直线的方式去分析一件事情。生活不止一件事，而是有无数小事。孩子怎么对待别人，怎么对待一些事情，怎么提出要求，都是在无数小事中通过和周围的人互动积累出来的经验。

这是一个妈妈分享给我的故事。

“女儿在吃饭的时候说她要换把勺子，然后就把勺子扔在地上。我当时有点惊讶，问她为什么要把勺子扔在地上？她很自然地说：‘我把勺子扔在地上，奶奶才会给我换一把新的，我想换勺子。’我开始回想奶奶平时在孩子提出换餐具时的反应：孩子说一遍，没反应；孩子说第二遍，试图让孩子不换，将就用；孩子有时候会坚持说，有时候就直接扔了，这时奶奶肯定就会捡了去换。”

这是一个非常典型和直观的例子。孩子解决换勺子的方式，是从和奶奶长时间的交流互动中逐步形成的她认为有用的模式。如果妈妈换一种沟通方式，也许过一阵子，孩子会明白，我不需要用扔勺子这种方式来解决问题。

在日常生活中，如果父母能够在大多数时候（不需要每时每刻）知道孩子需要什么，预见到孩子对自己的行为可能会有什么反应，并给孩子恰当的反馈，在良好的互动经验积累下，孩子会形成看法：想要什么不需要用哭的方式。

回到前面的故事，孩子之所以哭闹，是因为妈妈开始的时候死活不想把碗给他。如果用我的办法，事情根本不会发展到哭闹这一步。

因此，我希望大家在听故事的时候，能够去思考故事中的道理，以及处理方式的逻辑关系。生活中有无数的实例，举不胜举，只有搞清楚其中的道理，才能灵活地处理，这才是学以致用。

父母要和孩子站在一条线上

很多人觉得，要做到对孩子有同理心很难。我给大家总结一个原则：父母千万不能把自己放在孩子的对立面，而要和孩子站在一条线上。当我们和孩子站在一条线上时，一起面对眼前要解决的事情，会容易得多。

下面讲一个我们家的故事。

有一次，我们带着孩子去一家电子游戏场所玩。孩子们拿着充了点值的卡，可以玩各种游戏。过了一会儿，大宝跑过来说："妈妈，妈妈！我还没有开始玩，那个机器就吃了我 6 个点，这太不公平啦！"我一看，大宝急得眼泪都快下来了，还气呼呼地喘着粗气。当时我差点脱口而出："多大点事儿啊？妈妈再给你卡里加点钱吧！"但是我当时灵机一动，觉得这是一个很好的机会。

我摸着大宝的头说："大概是机器出故障了，这种事情有时候会发生的。你还记得我们有一次去参加生日聚会吗？你们当时也是在玩这种游戏，突然有一个机器坏了，我看到你们班的小朋友找来工作人员把机器修好了，他的点数也退回去了。"他点了点头。我继续说："妈妈给你一个建议，你可以去找工作人员把情况说清楚，也许他会还给你 6 个点。你想去试试看吗？"他看了看，有点扭捏。我说："你 7 岁了，能把话说清楚，你只要把情况说明白就好了，工作人员或许会帮你解决这个问题。如果他不能帮你解决问题，你再回来找妈妈，妈妈帮你想办法。"

大宝就去了，稍过片刻，他面有喜色地回来了。我问："怎么样？"他欣喜地说："我跟工作人员说，这个冰球的机器吃了我 6 个点，但是却没有动。我浪费了 6 个点，根本就没有玩到。工作人员就把 6 个点还到我的卡上了。爸爸又给我卡上加了些点。"我说："怎么样？妈妈说得没错吧！以后如果碰到类似的情况，要好好和负责的人沟通。你哭也好，抱怨也好，都不能解决问题。只有想办法和别人沟通，才有可能解决问题。也许不是每次都能成功解决，但是值得一试。你做出了很好的尝试，我太为你骄傲了，来，抱一下！"

你看，这件事就这么解决了。你可能发现了，我并没有跟孩子说"机器坏了，你现在很生气"这样的话，而是摸着他的头告诉他，机器出故障这样的事情有时候是会发生。这种客观陈述会让他明白："妈妈理解你的心情，不过，这种事情也会发生在别人身上，所以并不是只对你一个人不公平。”然后，我说出我们以前的经历以及别人的处理过程和结果，他的情绪也得到了安慰，开始平静下来。之后，我再给他提供建议，他就能冷静听了。而且，有了之前他朋友的榜样，再加上我的鼓励，他也有信心去做。解决问题之后，我还做了简短的总结，这时问题已经成功解决了，他当然有好心情听。

假设我当时跟大宝说了一些共情的话，然后怎么做呢？

第一种选择，我帮他重新加一些点。如果我这样做，孩子就错过了一次自己处理事情的机会。

第二种选择，我去跟工作人员说明情况，孩子还是错过了一次自己处理事情的机会。

第三种选择，让孩子自己去处理。但是孩子当时有可能情绪还没平复，不愿意去，甚至可能因为我说了“妈妈知道你现在很生气”，他正好借此闹一下，让我替他去处理。

仔细思考你会发现，这里不同的做法对孩子的心情影响很大。如果我把顺序反过来，在他大叫“太不公平了”的时候，却跟他说“你现在抱怨没有用，应该去跟人家沟通”，他会认为妈妈既不同情他，也不帮助他，只是在说教。所以，如果我当时这么说的话，恰恰说明我没有同理心。这些大道理可以留到事后回顾的时候，作为总结来说。而在当时的情况下，我肯定要选择先关心他的情绪。

父母对待孩子的方式，会影响到孩子将来处理事情的方式。

有人可能会说，万一工作人员不理孩子呢？

那也没关系，反正妈妈说了，如果工作人员不能帮忙解决问题，妈妈就会过去帮忙。在这里，妈妈是孩子的安全基地，孩子也信任妈妈。孩子独立做事的信心，就是这么建立起来的。

培养情商的重要基础：真正理解孩子的处境和心情

很多父母一心想培养孩子的情商，我们通过这件事可以看出来，培养情商的重要基础，是真正理解孩子的处境和心情。

在这件事中，我理解了大宝当时的处境和心情，并通过描述以往的积极经验，让他平静下来，最后给出可行的建议，帮助大宝成功解决了问题。

其实，我当时也不敢保证大宝一定能自己解决这件事情。万一解决不了也没关系，那我就带着他一起去说。对大宝来说，这个解决问题的过程，会变成一种积极的经验。多为孩子提供这些体验的机会，他以后会越来越有信心去和别人沟通。

所以，养育孩子是一个环环相扣的过程，父母做好了一件事情，可能会影响孩子很多能力的发展。

我再讲一个小宝和他的老师的故事。

有一天，我去幼儿园接小宝，老师告诉我，小宝今天午睡起来突然哭了。她也不知道怎么回事，就抱着小宝，摸着他的背说："小宝，你很难过呢！"小宝在老师的怀里哭了一会儿，终于回答："我想妈妈了。"老师如释重负地说："哦，你原来是想妈妈啦！那你可以早点告诉我啊。前几年，老师的爸爸去世了，老师想爸爸的时候，也会哭呢！不过你猜怎样？我哭过之后，心情就好多了。"小宝说："是的，我哭过以后，现在也感觉好多了。"然后他就去玩了，整个下午这个问题再也没有困扰他。

在这件事情中，你觉得老师哪句话最关键？是"小宝，你很难过呢！"这句话吗？不！真正关键的，是老师吐露心声的那句话，"老师想爸爸的时候，也会哭呢！"听了这句话，小宝顿时觉得自己被理解了：连大人想爸爸都会哭，那么我也不用不好意思了，以后如果想妈妈，我还可以哭，不需要内疚。

在这里，老师做到了和孩子站在同一条线上。老师在理解孩子心情的同时，也和孩子一起面对眼前的情景：你想妈妈，我很理解你，我也很想我的爸爸。这是平等的对待，小宝感到他的情绪得到了真正的接纳，由此他也接纳了自己的情绪。我们总是问，怎么让孩子认识和接纳自己的情绪，怎么提高孩子的情商？让我们和孩子站在一起吧！

本章小结

这一章希望父母和孩子建立良好的情感链接。有了良好的情感链接，亲子之间的沟通就轻松多了。

很多父母很害怕孩子的负面情绪。如果把负面情绪当成是和孩子产生情感链接的一个机会，那我们就不会再对负面情绪这么抗拒了，也会对孩子有同理心。有了同理心，就能更好地安慰孩子的负面情绪。这两者是相辅相成的。

我希望纠正父母的认识误区：共情绝不是父母把孩子当成问题去解决的工具，也不是说几个句式就能实现想法的灵丹妙药。父母要在同理心的基础上去倾听孩子，站在孩子的角度理解他们的想法，帮助他们解决问题，从而跟他们建立起亲密的情感链接。这才是真正的共情。所以要从心出发，真正理解孩子，和孩子站在一起。

第一部分结语

本书第一部分共有六章。这六章的内容，构成了我们养育孩子的基石。大家可能已经发现了，我们介绍的一些育儿原理、原则和方式，都是相互联系、相辅相成的。孩子的发展是一个整体，我们的生活也是一个整体，我们无法把孩子某个方面的发展割裂开来专门培养。有时候，我们只要能做好某个方面，往往能影响孩子其他几个方面的发展。这也是生活即教育的真谛。

从心出发真正理解孩子，整体养育孩子，做有准备的父母。当父母真正理解了第一部分的内容，并能在生活中灵活运用，孩子的各方面能力都会得到良好的发展。父母关注的很多能力，比如自信心、复原力、注意力、自我调整能力、情绪调整能力以及社会交往能力，都必须建立在安全感、亲子关系、沟通、信任、情感链接等基础之上。从这里可以看出，有些父母在意的东西，必须建立在父母可能没太在意的东西上面。

所以，我在第一部分首先把父母可能没太在意、看不太清的东西展示出来，帮助大家拨开迷雾，看得清清楚楚。只要我们把育儿的基础打牢了，再培养孩子的各方面能力也就不难了。最后，我想提醒大家，在阅读第二部分的时候，要时刻记得第一部分所讲的这些基石。

第二部分

Part 2

育儿的技能

做有智慧的父母

奠定孩子生命内核的基本能力

现在的父母越来越焦虑，孩子的压力也越来越大。在《快乐竞争力》一书中，作者写道：研究发现，抑郁症的始发年龄越来越小。50 年前，抑郁症的始发年龄平均是 29.5 岁，而最新数据显示，抑郁症的始发年龄平均是 14.5 岁，看得人们心惊胆战。

每当听到一个年轻的生命戛然而止时，我就反复思考一个问题：我们养育孩子是为了什么？是为了让孩子获得眼前的成绩吗？还是为了让他们长大成人，以后自己能够走得稳、走得远？

作为父母，我们都希望孩子能够成长为身心健康的人。然而，到底是什么支持着孩子走在漫漫人生路上呢？我们前面讲过，父母要成为孩子的安全基地，让孩子感到自己是被爱的。披上父母爱的铠甲，孩子就可以勇敢地去面对未知的世界。这是一个孩子强大的内核之一。当然还有一些其他内核，比如，孩子认为自己是有价值的，有能力做出一些选择和决定，认为自己是被尊重和被理解的，从而发展出一套应对外部事件的方式以及和他人交往的模式。安全感、自尊、自主、理解和接纳自己，这些都将成为孩子将来为人处世的强大内核。有了这些内核，很多父母重视的外在表现，比如注意力、面对挫折的复原力、自我调整能力、情绪调整能力以及良好的人际关系等，就都能自然而然地发展。

本书第二部分一共分为六章，分别是父母非常关心的各种能力。我将在第一部分的观念和原则的指导下，逐一讲解怎么帮助孩子培养这些能力，从而帮助孩子炼就强大的生命内核。

成长，就是慢慢离开父母的
保护圈，成为独立的人。

第七章

认识自我

父母们都会对孩子有很多殷切的期盼，比如希望孩子有良好的注意力、自我调整能力、社会交往能力，等等。那么，这一切都是怎么发展起来的呢？

本章的目的是帮助父母理解儿童自我概念的发展，从而促进孩子自尊和自信的建立。对自己的认识和了解，是孩子人生路上的起点，也是他们毕生发展的基石。注意力、自我调整能力、社会交往能力，都要建立在了解自己的基础上。孩子只有了解了自己，才能认识自己和他人的关系，并有勇气面对未知的成长道路。

自我概念

人对自我的认识，从出生的时候就开始了，一直持续一生。可以说，这是一个很漫长的过程。而孩子自我概念（self-concept）的发展，开始于自我觉知（self-awareness）。

自我觉知的起点

婴儿的自我觉知是从哪里来的？

婴儿一出生，就能感觉到自己和周围的事物是不一样的。新生儿有一个反射，叫作觅食反射（rooting reflex）。当我们用手触摸婴儿的脸颊时，他会把头转过来，试着用嘴巴含住我们的手指。这是婴儿的生存本能。研究发现，当别人用手触摸婴儿的脸颊时，他的觅食反射更多；而当婴儿自己的手正好碰到自己的脸颊时，他的觅食反射就没有那么多。这说明，婴儿能分清别人的手和自己的手。

婴儿利用自己的各种感官来探索世界。当婴儿逐渐能够协调和匹配各种知觉能力时，他开始把自己的身体和周围的其他事物或者其他人区分开。例如，4 个月大的婴儿，对着录像里的其他人微笑和注视的时间更长，但如果他看到录像里是自己，注视的时间就没有那么长。这说明，婴儿已经能够把别人当成社交对象，开始有了自我觉知。

1 岁以后的幼儿开始察觉到自己的身体特征。在实验中，妈妈把孩子放到镜子前，借口给他擦脸，偷偷在他的鼻子或额头上涂一个红点。9~19 个月的孩子，常常去摸镜子里的红点，他们不知道这个红点跟自己有什么关系。而 20 个月以后的孩子，会去触摸或者擦自己脸上的红点，说明他们明白了镜子里的人就是自己，他们知道自己的长相是独一无二的。所以，如果小孩子在镜子前扭来扭去扮鬼脸，这是他们在研究自己的身体和外表特征呢！

到了 2 岁的时候，幼儿开始学会自我辨认（self-recognition）。他会指着照片说“我”或者自己的名字。这时的孩子已经能够凭着较少的细节认出自己了。

自我概念的发展

自我概念是指一个人对自己的属性、能力、态度和价值观等认识的总和，是一个人对“我是什么样的人”做出的定义。自我概念的发展是一个从具体单一到逐渐丰富的过程。

我们让一个 3 岁的孩子说说自己。他可能会说："我叫 Jack。我有一辆红色的卡车，五套乐高玩具。我刚有了一双新鞋子！我会自己穿衣服。"这个阶段的孩子自我概念是非常具体的。他们往往会描述一些自己可以观察到的特点，比如，名字、外表、拥有的玩具、会做的事情等等。

到了 3 岁半，孩子往往能够用情绪和态度来描述自己了。他可能会说，"我喜欢讲故事"或者"我不喜欢洗头"。这表明他们已经开始认识到自己某些独特的心理特征。

到了 5 岁的时候，孩子开始逐渐认识到自己的一些人格特征，以及由这些特征带来的积极或消极的影响。比如，他们知道，害羞的人不喜欢和陌生人在一起。当然，四五岁的孩子不会在描述自己的时候直接使用这些词，这有待于他们的认知能力更加成熟。

自我概念受到文化的影响

有一项研究对比生活在美国芝加哥的爱尔兰裔中产家庭和生活在中国台湾的中产家庭。在长达两年的比较研究中，人们发现：父母对待幼儿的不同方式，把孩子的自我概念带上了两条不同的发展道路。

美国爱尔兰裔父母认为，儿童的自尊对他们的健康成长非常重要。因此，他们会从积极的角度去看待孩子的短处或过失行为。而中国台湾父母则会强调，个人行为不能让家庭蒙羞。他们会对孩子提出各种要求，比如，"你不能说脏话，这样的行为会给我丢脸”。

到五六岁的时候，中国台湾的儿童会更强调自己对他人的义务，比如“我喜欢帮妈妈干家务”。而美国爱尔兰裔的儿童则更自主，他们会更多地描述自我，比如“我喜欢玩拼图”“我喜欢踢足球”等等。

这说明，成长于不同文化环境中的孩子，自我概念还会受到当地文化观念的影响。

帮助孩子建立良好的自我概念

那么，父母应该怎样帮助孩子建立良好的自我概念呢？

第一，温暖、敏感的养育方式。

我在第一部分多次强调过温暖、对孩子的需求敏感的养育方式。这种养育方式可以帮助孩子建立起更加积极、具有一致性的早期自我概念。研究发现，安全依恋的孩子到 5 岁的时候，会使用更加积极的词和情感来描述自己。

第二，帮助孩子理解自己。

2 岁的孩子语言能力开始飞速发展，父母如果能够经常用丰富的词汇跟孩子描述他们所经历的事情，可以帮助孩子发展出更加连贯的、有组织的、有细节的自传式记忆。通过这样的谈话，父母还可以向孩子传递理念，比如“你是个大孩子了，能够自己做很多事情了。”这样的谈话可以促进孩子的自我了解。到了五六岁，孩子的自传式记忆以及描述自己性格特征的能力同步发展，慢慢会建立起清晰的自我形象。

自尊的出现和发展

在幼儿时期，随着自我概念的逐渐发展，自尊开始出现了。

自尊（self-esteem）是一个人对自我价值做出的判断，以及和这些判断有关的感受。它和自我概念不同。自我概念是对自己的属性、能力、态度等的认识，而自尊是孩子在了解自己的属性、能力、态度等的基础上进行的自我评价，这些评价还会影响孩子的情感体验。而对自己的了解、认识、评价，以及由评价带来的情感体验，又会影响孩子将来的行为。从长期来讲，这会影响一个孩子的社会适应性。

比如，一个孩子认为，“我是个学习好的孩子，我很自豪。即使偶尔考试没考好也不怕，我相信自己可以提高。”那么这个孩子就不会因为一次没考好而消沉，相反他会更积极努力地学习来提高能力。这就是自尊对孩子将来行为的影响。我们可以说，这个孩子的社会适应性良好。

自尊发展的基础要素

自尊的出现和发展，需要多方面的认知和能力作为基础。

第一，自尊的发展需要以孩子自我概念的发展为基础。

第二，自尊还与孩子的自我评价有关。

孩子需要对自己的能力、属性等进行评价。这种评价能力是从哪里来的呢？这跟他们的认知发展有关。同时，孩子也会从周围的人对他们的评价中学习怎么评价自己。

第三，自尊的重要特点之一，是自我评价之后带来的情感体验。

我们把尴尬、自豪、嫉妒、内疚、羞愧等情绪，叫作自我意识情绪（self-conscious emotions）。这些情绪是在孩子1岁半以后才发展出来的。无论是自我评价还是他人评价，都能影响孩子的自我意识情绪，并且，由评价带来的情感体验会影响孩子将来的行为和发展。

第四，自尊的发展和孩子的社会性发展也有关系。

一般从4~5岁开始，孩子出现了社会比较（social comparison），他们会把同伴作为参照来评价自己。这也会促进他们自我评价能力的发展。

自尊发展的时间线

随着自我概念、语言、自我意识情绪等的发展，并且受到周围人的评价影响，进而学习到自己评价自己，儿童逐渐发展出了自尊。

4 岁左右的儿童，由于认知的发展，开始注意到自己不同方面的发展。比如，我在幼儿园表现怎么样？我有朋友吗？我和父母的关系怎么样？我的运动能力怎么样？当然，因为他们还小，有时候分不清自己想要的表现或者能力和自己实际具备的能力。所以，他们通常对自己的表现或能力评价很高，而且经常低估任务的困难。所以，学龄前的儿童自尊一般都很高。当然，这是儿童发展的共性，具体到某个特定的学龄前孩子自尊是不是很高，跟父母在婴幼儿时期怎么对待他是密切相关的。

研究发现，每到一个过渡期，孩子的自尊就会有所下降。比如，从幼儿园进入小学的过渡期，或者从小学进入中学的过渡期，等等。由于环境的改变，周围人对自己的要求也发生了相应的变化，这些都会让孩子感受到压力，因而自尊会略微下降。

当孩子从幼儿园进入小学时，来自周围人的评价会越来越多，也越来越严格，因此和学龄前儿童过高的自尊相比，小学的头两年，很多孩子的自尊都会有一些下降。父母和老师在跟这个阶段的孩子沟通时，一定要注意自己的说话方式。

为了保护自己的自我价值，很多孩子体现出社会适应性。他们会做出社会比较，然后评估自己的成就目标是什么。当孩子们进行社会比较，即比较自己和同龄人的差别时，往往会在别人的能力和自己的成就目标之间做出一个平衡。这时，他们的自尊会慢慢恢复。

比方说，一个孩子认为：我虽然跑步差点儿，但是数学很好，很多人都佩服我。然后，这个孩子会把学好数学作为自己的成就目标。自尊也会因此慢慢恢复。研究表明，儿童在过渡期自尊的小幅下降，不会给他们带来长期的伤害。一般从四年级开始，孩子的自尊会慢慢回升。

自尊的起起伏伏是孩子发展的共性，不同的孩子之间也存在个体差异。父母在评价孩子的时候，需要观察并注意自己的言行，尽量多给孩子积极的反馈，而不是严厉的责备。

自我价值和评价

自尊，特别是自我价值，和评价息息相关。而且，伴随着评价带来的情感体验，将会影响孩子未来的行为和长期的心理适应。

最初，孩子的自我评价在很大程度上建立在他人对他的评价上。谁对他最重要，谁的评价也有可能对他最重要，也更容易影响他的行为以及情感体验。

评价孩子的重要原则：对事不对人

很多父母在评价孩子的时候非常随意，常常人事不分，因此造成很多问题。

有位妈妈曾跟我讲过一个她家的故事。

下雨天，院子里有积水，小孩子都喜欢踩小水洼。孩子的奶奶就哄孩子说："不要玩水，玩水不是好孩子。"孩子一听，就不玩水了。奶奶觉得这个办法很好用，后来就经常用"做了什么事就不是好孩子"或者"做了什么事才是好孩子"这样的说法。只要奶奶这么说，孩子就愿意听话。但是，妈妈心里很别扭，她觉得奶奶好像在用"好孩子"这个标签来要挟孩子做一些事情。她隐隐约约觉得不对，但是又说不出为什么不对。

奶奶确实在用"好孩子"的标签要挟孩子做一些事情。她为什么能要挟成功？这样做又有什么不良后果呢？

其实，奶奶这种做法就是把孩子的价值和行为联系在了一起。奶奶通过给孩子贴标签这种方式告诉孩子，你的行为决定了你的价值。

随着 2~6 岁孩子自我概念的发展，他们对别人的评价很敏感。孩子从外界的夸奖或批评中，体验到了更高级的情绪，即自我意识情绪。这里，孩子的自我概念和自我意识情感是交织发展的。别人的称赞让孩子体验到积极的自我意识情绪，如自豪；别人的批评让孩子体验到消极的自我意识情绪，如羞愧或内疚。

所以，当奶奶一直用"好孩子"或"坏孩子"给孩子贴标签时，这个阶段的孩子正好对这种事情很敏感，他会主动避免体验消极的自我意识情绪。所以，孩子会做一些事情来让别人说他是好孩子，而不是坏孩子。

这种通过给孩子贴标签来要挟孩子做事的方式，表面上看起来很成功——孩子听话了，事实上却伤害了孩子自我概念和自我价值的发展，也影响了孩子自我评价的能力。

这个阶段的孩子，自我意识情绪还在不断地发展，他们很多时候需要成人给他们信息：在什么时候，我应该感到羞愧、内疚；在什么时候，我可以感到自豪。当然，这和文化传统、价值观念息息相关。

比如，妈妈说："哇，你的球扔得好远啊！你应该感到自豪！"或者，"你抢别人的玩具，你应该感到很羞愧。"

自我意识情绪的发展对孩子的行为有着重要的影响。比如，我成绩好，我觉得很自豪，我以后都要好好学习。

如果孩子的重要他人（如父母、祖父母、老师等）把孩子的表现或行为和他们的价值联系起来，比如，"你怎么能这么做呢？我还以为你是好孩子呢！"这种时候，孩子的情感体验会放大。他们在别人批评他们的时候，会体验到更强烈的羞愧感；在别人夸奖他们的时候，也会体验到更强烈的自豪感。他们在失败的时候，情感体验会更加强烈，比如更加内疚或者更加羞愧；当然他们在成功的时候，自豪感也会更加强烈。总的来说，当孩子的重要他人经常把孩子的行为或者表现和他的价值连在一起，孩子的情感体验会更加强烈。

人的发展是环环相扣的，良好的自我意识情绪体验可以促进孩子健康的自我价值认知；反之，强烈的自我意识情绪体验会伤害孩子自我价值认知的发展。

怎样才能让孩子的自我意识情绪体验适度而不是强烈的呢？

评价孩子的重点：不要把行为和价值联系起来

想象一下，父母把孩子的行为和价值联系在一起。

“哎呀，你把水杯摔地上了，好孩子就不会这么做。”

如果父母把重点落在具体的行为上，会怎么说呢？

“你把水杯摔地上了，我们来收拾一下。想想看，下次怎样才能避免这种情况？”

当孩子做错事的时候，我们需要把孩子的行为和价值分开，指出这种行为的后果，并提出弥补的建议。这样做的结果是，孩子不会放大自己的消极情绪，而是会体验到适度的内疚感，这可以促使他们更好地调整自己的行为或者改正自己的错误。这样不会伤害孩子的自我价值和自我评价，因为孩子知道：我虽然做错了一件事情，但这不意味着我是一个坏孩子或者我这个人毫无价值，我依然可以是一个好孩子。

相反，如果我们把孩子的行为和价值联系起来，会放大他们的羞愧感，这会伤害孩子的自我价值。他可能会认为：我就是这么笨，我就是个坏孩子。想象一下，孩子都认定自己是个坏孩子，没什么价值，他怎么会改正自己的错误呢？所以，很多孩子会干脆破罐子破摔，完全丧失自尊发展的基础。

同时，这些孩子往往会对那些引起他们羞愧情绪的人表现出强烈的敌意或者攻击性行为，或者干脆选择退缩和焦虑。

因此，父母一定要注意自己的言行，不要因为自己不经意的一句话或者一个眼神，破坏了孩子的自我价值。

自我价值在人际关系中的作用

一个人对自我价值的认识，不仅仅是认识自我的基础，也是认识自己和他人关系的基础。一个肯定自我价值的孩子，发展出良好的亲子关系、同伴关系的可能性更高。

无条件的爱，有助于孩子肯定自我价值

一位妈妈问我："我家孩子每次只要做错事，就会马上抱住我问，我爱妈妈，妈妈爱我吗？可我平时也没怎么严厉地批评他呀！"

这是一个很有意思的现象。

我问这位妈妈："是不是每次孩子做错事，你在批评他的时候都会加一句，妈妈爱你。"

妈妈困惑地说："对啊，我每次都会跟他说，'妈妈爱你，但是，你做了什么什么是不对的。'”

我说：“你总是这么说，孩子会不会认为，妈妈的爱和我做的事情是联系在一起的？”

我们都知道要给孩子无条件的爱，但是对于什么是无条件的爱，又常常把握不好。想象一下，如果父母总是无意间把爱和孩子的行为联系起来，那么在孩子看来，这种爱就是有条件的。

我们在上一节讲到，父母把孩子的价值和行为联系在一起，会伤害他们的自我价值。同样，父母把爱和孩子的行为联系在一起，也会伤害孩子的自我价值。

因此，父母不必要在批评孩子的时候，都加上一句我爱你。父母平时可以多跟孩子表达爱，不仅仅用话说出来，还可以用眼神、动作、神情等身体语言表达出来。我们要让孩子知道，父母的爱和孩子做的任何事情、任何行为都没关系，“妈妈爱你，只是因为你是你！”只有这样，孩子才能肯定他的自我价值，由此建立的亲子关系也会更好。

我家两个孩子无论犯了什么错误，都不会介意告诉我。因为我从来不会把我对他们的爱和他们的行为挂钩。

有一次，大宝跟我说，老师给了他一个黄牌警告。他说自己明明按照老师的要求做了，但是老师没看见，以为他没做，就给了他一个黄牌警告，这让他非常郁闷。

我安慰他：“没事儿，你这个学期总共才被黄牌警告过两次，已经很不错了。”

大宝从来不会追问我："妈妈，我被黄牌警告了，你还爱我吗？"因为他不需要问，在他心里，这两件事情根本就没有任何关系。关键是，孩子对我的爱是有信心的，这个信心从哪里来？是过去十几年里逐渐建立起来的。

孩子肯定自我价值，亲子关系更健康

一个孩子如果能够肯定自我价值，信任父母的爱，那么他在遇到事情的时候，通常也不会自我攻击，而会去寻找其他原因。

有一次，我因为一件小事，跟大宝说话的时候很不耐烦。不过我很快就想通了，并马上跟他道歉。大宝接受了我的道歉，他还说："妈妈，你今天的态度确实不像平常那么好。我刚还在想，可能妈妈今天过得不太好，是不是学生不交作业让妈妈生气了，还是发生了别的什么事情让妈妈今天情绪不好。"

他的这番话，让我始料未及。我当时非常感动地抱着他说："谢谢你能体谅妈妈的心情。今天妈妈确实心情急躁，所以刚才没有好好跟你说话。谢谢你能理解我！谢谢你能原谅我！"

从这件事可以看出，大宝肯定特别信任我对他的爱，从来没有怀疑过我对他的爱。并且，他对自我的价值也是笃定的，根本不会认为，"妈妈生气了，这一定是我的错，妈妈不爱我了。"

我在第四章讲过，亲子关系是双向的，父母和孩子都要对亲子关系起作用。能够肯定自我价值的孩子，对亲子关系的认识更客观，也能起到更积极的作用。他们不会害怕父母会把爱撤走，不会为了获得爱去攻击自己。

孩子肯定自我价值，同伴关系更健康

一次，一位妈妈问我："女儿有一块自己特别喜欢的手表，但是却在学校被一个男孩子嘲笑。她很郁闷，我该怎么开导她呢？"

我就问了大宝和小宝一个假设性的问题："假如你有一块自己特别喜欢的超人手表，却被一个小朋友嘲笑说这块手表很傻，你会怎么办呢？"

小宝说："你觉得傻，那是你的看法，我很喜欢。"

我说："那如果这个孩子还是继续说，你怎么办？"

大宝说："那我会告诉他，这是我的表，我喜欢就行了，这不关你的事。"

一个能够肯定自我价值的孩子，不会因为别人的评价而轻易改变自己的想法，或者攻击自己，或者产生自卑的心理，认为是自己的错。这一点在同伴关系中特别重要，因为孩子年龄越大，就越希望得到同伴的认同。有的孩子会屈于同伴压力，去做一些自己内心并不愿意做的事情，导致同伴的压力大过自我判断。但是，对于那些能够肯定自我价值的孩子来说，他们不会完全受到同伴评判的影响，因此在很多情况下能坚持做自己，这一点很重要。

帮助小学生的自尊发展

从本章第二节中我们知道，孩子从幼儿园进入小学，自尊可能会略微下降。这时父母应该怎样帮助他们呢？

小学生的自我评价一般更客观

在幼儿时期，孩子通过和周围人的互动，慢慢学会了自我评价。到了小学，孩子的自我评价开始发展得更为客观准确。8~11 岁的孩子已经可以比较客观地评价自己的能力。比如，他们会说，我的网球打得还可以，或者我的画画得比较好。而且，他们在描述自己的时候，会比较客观地正反面都描述。比如，我对朋友很诚恳，但有时候脾气不太好。

比起学龄前儿童，小学生很少会把自己描述成一好百好或者非此即彼的形象，这是一个进步。

大宝 5~6 岁的时候，给圣诞老人写信说："圣诞老人，我是一个好孩子，今年我想要……礼物。"到 7 岁的时候，他写信说："我今年大部分时间是个好孩子，不过有时候会和弟弟吵架，我还有礼物吗？"我看了都笑出来了，这说明他在描述自己的时候，比以前客观了。

小学生的这个进步是怎么来的呢？

因为他们发展出了社会比较。孩子是怎么知道自己好不好，能力怎么样的呢？他是通过跟同龄人比较而知道的。他可能会说，跟其他人比，我的拼写相当不错，但是科学不够好。4~5 岁的孩子开始社会比较，往往只和一个同伴比较。但是小学生会跟一群同伴进行比较，所以他们也能相对客观地认识到自己的表现和能力。

自我评价的进步，当然也反映在自尊上。

小学生在评价自己的表现、行为、能力、价值时，通常把评价内容分为四个方面：学业、社交、运动项目和外貌。他们会从这四个方面进行自我评价。

如果孩子能够比较客观地评价自己，他的自尊水平会更高。比如，一个能够客观评价自己的孩子会说，我的拼写虽然不太好，但其他各科成绩都很好，我对自己很满意。这样的孩子自尊水平就比较高，也就是说他对自己比较满意，对自己的自我价值评价比较高。

如果一个孩子无法平衡自己的目标和能力，他可能会说，我的数学不好，我为什么这么笨，数学就是考不好。如果这个孩子沉浸其中，看不到自己在其他方面的优势，自尊水平就会偏低。

如果孩子自尊不够高，怎么办？

我们在第一部分已经讲过安全感、信任、亲子关系等内容，这些都是养育孩子的基础。除了这些，我们还可以做什么来帮助孩子建立自尊呢？

（1）分析原因。

根据评价内容，我们可以把孩子自尊的来源分为同样的四个方面。父母可以分析一下，孩子到底是因为哪个方面而导致他的低自尊。

父母可以和孩子一起客观地分析一下他在各个方面的能力。比如，你虽然篮球打得不够好，但是不要紧，你踢足球跑得多快，你游泳游得多好。引导孩子从多方面认识自己，并客观地认识自己，从而提高对自己的整体评价。让孩子对自己有一个整体、客观的认识，而不要在其中一个小方面钻牛角尖。

大宝的身高一直到五年级，都是全班最矮的。如果我对这个事情很重视或者很焦虑，经常有意无意地关心这个问题，也许他也会对自己的身高有自卑心理。但是，我对这个问题根本不在意，我们关心的是他的其他方面。因此，大宝从小就对自己的身高毫不在意，他甚至还学会了自嘲。比如，他有时候会跟朋友自黑，“我个子矮，打篮球的时候明明球都快到我手上了，结果却被个高的同学截走了。”大家不禁哈哈大笑。大宝到了五年级，班里几个最高的男孩子都是他的好朋友。他打篮球的时候，大家都会给他加油。

（2）经常肯定孩子的能力。

其实每个孩子都有自己的闪光点，只不过有时候我们过于看重某一方面，导致看不到孩子其他方面的优秀。这样带来的后果是，很多孩子因为经常受到批评，自己也看不清自己的能力。因此，父母应该经常看到孩子的闪光点，并且去擦亮这个闪光点。

曾有个妈妈给我来信说，她家儿子已经上初中了，各科成绩都不太好。虽然他们夫妻俩都是清华学霸，但孩子的成绩就是上不去。

她说："孩子已经上初中了，我也不抱希望了，就是怕孩子太自卑，出现心理问题。"

我问："在你眼里，孩子有没有什么长处，有没有特别喜欢或者特别在意的事情？"

妈妈想了很久才说："孩子喜欢做航模，做得也确实好。但是我和他爸爸在这方面不太支持，因为学业最重要。"

我说："既然他有一个喜欢的事情，并且做得特别好，不如就从这个事情入手，在这方面肯定他，支持他，经常给予积极的反馈，让孩子从这方面开始建立信心，然后慢慢把信心迁移到其他方面。"

（3）给孩子具体的帮助。

父母可以分析孩子在哪方面需要具体的帮助，帮他在自己喜欢和在意的方面取得进步。引导孩子跟自己比，跟过去比，这种进步可以帮助孩子真正提高信心。

有些孩子可能觉得自己不够好，想要回避问题。父母可以教他们一些面对问题的具体策略。比如，把要解决的问题或者要实现的目标一一列出来，然后讨论怎么做才能实现这些目标。把一个大目标分解成一个个小目标，每当孩子实现一个小目标时，及时给予正面的反馈，逐步提高孩子的积极体验和信心。

其实，帮助孩子提高自尊的很多原则和方法，我在第一部分已经说过了。希望大家能够穿针引线，把这些方面都联系起来。培养高自尊的孩子，不可能在某个阶段，通过几件事情就一蹴而就。这是一个长期的过程，是整体养育的结果，所以父母要保持耐心。

寻找真实的自我

每个人在成长的过程中，都需要认识真实的自我。我们常常一边寻找，一边思索：我是谁，我要成为什么样的人。只有找到真实自我的人，才能发展出健康的人格。

人在发展自我概念的时候，就像在盖一个房子，方方面面都会影响自我概念的发展。生态系统理论中的那些因素，都会影响孩子自我概念的发展。

最理想的状况是什么呢？孩子造这个房子的时候，地基很扎实，材料非常好，结构设计合理而稳固，整个过程都很顺利。哪怕遇到刮风下雨之类的灾害，房子也不会轰然倒塌。

如果孩子造这个房子的时候，地基没打好，材料不合格，结构设计也不合理，那这个房子盖好以后，又怎能抵御得住风吹草动？

孩子的自我概念，早期会受到父母或其他重要他人的影响。比如，父母经常攻击孩子的价值，或者对孩子态度冷漠，肯定会伤害孩子的自我概念。孩子稍微大一些，还会受到同伴、老师，以及媒体和社会价值观的影响。如果孩子的自我概念建立得不够稳固，那么在应对生活中的挫折时，就会显得比较脆弱，甚至难以支撑。

真实自我和虚假自我

人本主义认为，人类有与生俱来的潜能，在成长的过程中，我们都想去发挥这些潜能和能力，这叫自我实现倾向（self-realization tendency）。在人类实现自我的过程中，首先要做到一件重要的事情，那就是认识自我。

泰勒（Taylor）博士是一位儿童和青少年心理咨询师，他认为：真实自我（true self）建立在父母给予的爱的基础之上，这种爱是无条件的爱。父母爱孩子，相信孩子的善良以及价值，并且传递给孩子实现自我所需要的价值观、信念和态度。

研究发现，孩子经常得到父母的支持，会更容易表现出积极的情绪，感受到较高的自我价值，更加乐观，也更能认识到真实自我。

相反，如果孩子为了得到父母或者别人的爱，而迎合别人对他的期望，否则就认为自己是失败的，不值得被爱，这样孩子就发展出了虚假自我（false self）。被虚假自我控制的孩子，常常不自觉地把父母和社会的标准内化成自己的标准。

虚假自我可能发生在孩子成长过程中的任何阶段。如果父母对孩子期许过高，且只重视孩子的成绩，比如考试成绩、竞赛名次等等，就会在不知不觉中改变孩子盖自我概念这个房子的材料和结构。而孩子由于受到父母的影响，也会改变对自我价值的看法。孩子的自信会建立在自己特别看重的某样东西上面，比如课业成绩。如果哪次考试没考好，他就会觉得自己没有价值。这样的自我概念是很狭窄的。虚假自我不一定会让孩子的生活一败涂地，但却无法让孩子成为一个内心安宁和幸福的人。

建立虚假自我的人，因为从来没有得到过真爱，所以他们也不可能给别人真爱，对自己也没有真爱。大家可以观察一下自己的周围是不是也有这样的成年人，他们就是建立了虚假自我，所以无法给孩子真爱。所以我一直强调，父母不要过于关心养育孩子的招式，而要先把自己给整理顺了，这是最重要的前提。

真实自我和理想自我

人本主义认为，在孩子建立自我概念的过程中，有两个重要的组成部分。一个是真实自我，这是一个人对自己的特点、性格、能力的客观认知，是自我实现的基础；另一个是理想自我（ideal self），这是一个人认为自己应该成为什么样子或者希望自己成为什么样子。

人本主义心理学家罗杰斯（Rogers）认为，父母在儿童发展的早期，应该致力于帮助他们把真实自我和理想自我重合起来。一个人应该客观、现实地认识到真正的自己是什么样的，而理想自我，也应该是可以实现的。

对于孩子来说，早期会受到父母或者其他重要他人的影响。这个人在很大程度上会影响孩子的真实自我和理想自我是否能够重合。当然，当一个人越来越成熟、越来越独立时，他对来自他人的赞许或者责备不再像小时候那么看重了，也许会更容易做到用自己喜欢的方式来生活。

我举一个最常见的例子。

我认识一个孩子，他从小就很喜欢画画，而且画得非常好。他理解的真实自我，是一个富有艺术感受力和创造力，喜欢艺术创作的人。但是他的父母反对他去考艺术学院，希望他去学计算机。这时，孩子建立的理想自我是，我应该去学计算机。然而在这个过程中，孩子会很痛苦，因为他的理想自我和真实自我是彼此冲突的。

这和泰勒博士所讲的虚假自我，在道理上是一致的。孩子为了得到父母的爱和接纳，转而去追求虚假自我。因为孩子的内心力量没有那么大，他想得到父母的爱，所以要去实现父母对他的期许。

但是，当一个人的真实自我和理想自我不统一时，他是很痛苦的。也许有一天，孩子有了足够的力量，他就可以大胆地追求真实自我。上文提到的那个喜欢艺术的孩子，学计算机学得很痛苦，终于在读到大学三年级时，转学去学艺术设计了。

所以，父母不要随意评价孩子，也不要用自己的意志和理想去碾压孩子的自我认知。一个人要实现自我，身心健康，就必须有机会去认识自己，探索自己的能力，并且使真实自我和理想自我这两个形象慢慢吻合起来。

用无条件的爱，帮孩子找到真实自我

父母怎样做，才能帮孩子把真实自我和理想自我重合起来呢？这就要回到无条件的爱。

首先，父母不能用爱来威胁孩子，不管是有意还是无意的。那个喜欢艺术的孩子的父母，可能并没有明确地说："你不学计算机，我们就不爱你了。"但是在和父母长期的共同生活中，孩子应该可以感受到："如果我不学计算机，父母就会很生气，他们会认为我不是好孩子，是一个没有价值的孩子。"

生态系统理论告诉我们，孩子不仅会受到父母的影响，还会受到周围大环境的影响，比如学校、老师、社区、媒体等。孩子不可能用一己之力去抗衡来自周围那么多的影响。比如，媒体宣传拜金论，认为只有挣很多钱才是成功的人。有些孩子互相攀比自家的房子和车。他的真实自我形象会慢慢受到整个社会价值观的影响，原来的理想自我形象也会被社会营造的氛围所遮盖。所以，这个时候父母需要支持孩子，做周围环境和孩子之间的缓冲带。

又比如，学校传递的价值观是，只有成绩好才是好学生。

这时，父母就不能和学校一起去否定孩子的价值，反而要做孩子和学校之间的缓冲带，给孩子更多的支持。

父母可以经常和孩子讨论看问题的不同视角。

比如：一个好学生应该是什么样的？

是不是只有成绩好，才是好学生？

如果一个孩子一直在进步，是不是好学生？

如果一个孩子虽然成绩不好，但乐于助人，是不是好学生？

…………

父母需要用这种方式让孩子知道，对于一个人的价值来说，成绩不是唯一的标准。从长期来说，一个得到父母支持的孩子，身心会更健康，学业也不会差。

寻找真实自我，是我们每个人一生的重要课题，而不仅仅和养育孩子有关。希望我们每个人都能找到真实自我，得到内心的宁静和幸福。

本章小结

我把这一章放在第二部分的开头，因为认识自我非常重要。我们都希望孩子长大成人之后，能够过得幸福。那么，孩子必须要学会认识自己。一个连自己都不了解的人，怎么可能幸福呢？

本章介绍了儿童自我概念发展的过程。其中，自尊是自我概念发展很重要的一个方面，它和孩子的自我价值、自我评价息息相关。这里给父母提供了一些具体的办法，比如，如何帮助孩子建立良好的自我概念，如何肯定孩子的自我价值，等等。

幼升小是孩子成长过程中的一个重要过渡期，孩子往往在这个时期会出现自尊水平下降的情况。因此，我提供了三点建议，希望父母能够帮助孩子建立高自尊。

挫折教育的核心是：

父母给予孩子全方位的支持。

第八章

面对挫折：复原力

父母都希望孩子在面对挑战和挫折的时候，能够镇定，持之以恒，最终获得成功。那么，怎样才能让孩子具备面对挫折的复原力呢？

本章的目的是帮助父母理解复原力及其影响因素，了解孩子对事件的解释方式，从而培养孩子的成长型心智模型。

复原力及其影响因素

为人父母，我们当然希望孩子不仅仅上个好大学或者找个好工作，更希望孩子能够跨越人生路上的一些障碍，由始至终地走下去。比如，孩子在大学学业困难时，怎么面对？工作中碰到阻力，怎么面对？我告诉大家一个好消息，那就是，每个人都具备一定的复原力（resilience）。

什么是复原力

复原力是指一个人遇到不利于自身发展的情况时，能够有效地适应新环境，走出不利局面。

每个孩子都有复原力，但是复原力的强弱确实存在着个体差异。大量研究发现，如果孩子遇到诸如长期贫困，家庭关系恶劣，父母离婚、失业、患病，亲人去世等不良环境因素，将来产生问题的概率确实会大一些，不过也有一些孩子克服了这些不良环境因素的影响，成长并没有出现太大问题，后来的生活也还不错。可见，有些人的复原力弱一些，而有些人的复原力则较强，这促使他们跨越了生活的阻力。

复原力的影响因素

研究认为，有四个因素影响着一个人能否从不良环境或者人生事件中恢复过来。

第一个因素：孩子自己的个性。

生态系统理论指出，每个孩子都有自己的生理条件和先天个性。比如，同样是父母离婚，搬到一个新地方，有的孩子会非常焦虑，担心自己交不到好朋友；或者很伤心，想念老朋友；或者生父母的气，认为是父母的离婚导致了他们交不到朋友。而有的孩子心态却比较好，认为自己到了新地方会有机会交到新朋友。由此可见，这些孩子应对变化的态度和行为就不一样。

第二个因素：温暖的亲子关系。

关于这一点，我已经多次强调过。父母需要成为孩子的安全基地，而且至少要有一人能够持续关心孩子，为他提供稳定的生活。温暖的亲子关系，可以帮助孩子积极地面对生活中的变故。

第三个因素：家庭以外的社会支持。

有时候，孩子确实会遇到家庭破裂、亲子关系不够好等情况，那应该怎样去弥补呢？如果孩子能在别的地方得到支持，对他的复原力也有好处。比如，父母闹离婚，如果祖父母能够给孩子提供稳定的生活、温暖的支持，让孩子觉得有依靠，也会帮助他面对挫折。又比如，有个老师特别关心他，或者有个特别要好的朋友可以倾吐心声，这些都有助于增强他的复原力。

第四个因素：其他社会资源。

近年来的研究发现，孩子积极参加课外活动，或者喜欢做义工帮助别人，都对他们的心理健康有好处。参加一些社会组织或者社区活动，对孩子建立自信、与他人合作都非常有意义，同时也促进建立一些有意义的社会关系，更有利于帮助他们渡过难关。另外，如果孩子能够得到心理咨询师的帮助，也有利于他们走出困境。

上述这些因素，都会对孩子的复原力发展起到作用。只不过有的作用大些，有的作用小些。所有这些因素交织在一起，会产生合力。正是这个合力的影响，渐渐地让不同的人走上不同的成长道路。

人的发展是一条漫漫长路。对于父母来说，给孩子创造温暖的家庭环境，尊重孩子，满足他们成长中的需要，从来都不会太晚。

对事件的解释方式影响孩子未来的成就

人生起起伏伏，难免遇到挫折。在面对挫折的时候学会积极应对，是每个人必备的基本生存能力。

一个人面对挫折的能力起源于哪里呢？打从孩子出生，父母就开始了对孩子潜移默化的影响。从幼儿期到学龄期，随着认知能力、自我概念的发展以及生活经验的增加，孩子对自己的生活逐渐有了一定的理解，对自己和他人的行为也会有一定的解释模式。

对事件的解释方式影响着人的行为

美国著名心理学家、积极心理学的代表人物马丁·塞利格曼（Martin E.P. Seligman）认为，悲观的人和乐观的人的区别在于他们对事件的解释方式。

悲观的人往往用三种方式去解释不好的事情：个人化、永久化以及泛化。

比如考试考砸了，一个悲观的孩子可能会认为：我很笨，我再也考不好了，我什么事情都干不好！

只不过一次考试失利，就解释为个人化（我很笨）、永久化（再也考不好了）和泛化（什么事情都干不好）。这就是悲观的人对事件通常的解释方式。

而乐观的人会认为，失败只是暂时的，他们会思考怎样从错误中学习，怎样解决问题以便下次能做得更好。

同样是考试考砸了，一个乐观的孩子可能会认为：这次考试非常难，我只是暂时没有考好，只要我继续努力，终有一天我能够学会并考好。

塞利格曼认为，我们要学会去“解释”为什么这些好的、坏的事情发生在自己身上，并“创造”一个对自己来说比较好的故事。他认为，乐观是可以学习的。

对于小孩子来说，对事件的解释方式会受到父母或者身边重要他人的影响，后来还会受到同伴、老师或者媒体的影响。这是一个长期的学习过程。

固定型心智模型和成长型心智模型

美国著名心理学家卡罗尔·德韦克（Carol Dweck）对孩子解释事件的方式很感兴趣。她发现，到了学龄阶段，很多孩子开始对自己周围的人和事件有了自己的解释模型和动机，所以，他们的行为也开始慢慢变得不同。

她做过大量实验，研究孩子们对于事件的解释方式和他们成就之间的关系，并提出了两个著名的心智模型理论。

一种是固定型心智模型（fixed mindset）。

这种心智模型的人认为，自己的能力是固定的。比如，我的智商就是这么多，我的数学能力就是这么多，这不是我可以控制的。如果我做好了，是因为我的运气好、天赋好；如果我没做好，那我也无能为力，因为我无法改变我的天赋。

另一种是成长型心智模型（growth mindset）。

这种心智模型的人认为，自己的能力可以通过不断练习来提高。人们常常认为那些成功的运动员很有天赋，但是德韦克认为，其实这些成功的运动员都是有着成长型心智模型的人，他们会分析自己的能力，正视自己需要提高的地方，然后刻意练习。

具有成长型心智模型的人，对学习和练习都有着正确的态度。他们希望得到反馈意见，并在自己需要提高的地方反复练习，成绩也会随之提高，这有助于他们建立真正的自信。

影响孩子心智模型的几个方向

不同心智模型下成长起来的孩子，都是什么样子的？通过比较，我们就知道以后可以从哪些方面去影响孩子的观念了。

（1）重视结果还是过程？

受固定型心智模型影响的孩子更重视结果，因为结果定义了他的自我价值，越注重结果就会越焦虑，越不愿意接受挑战，喜欢待在舒适区里。因为他没有办法承受失败的结果，不愿意去冒这个险。

受成长型心智模型影响的孩子更重视过程，愿意不断学习提高自己。

有一个关于大学生的实验。有一门很难的选修课，但这门课可以帮助学生学好另一门课。既然是选修课，自然有些学生选了，有些学生没选。后来发现，那些成长型心智模型的学生更愿意接受挑战，选择这门课。而那些固定型心智模型的学生怕自己学不好，分数不好看，因此基本没选这门课。实际结果显示，那些愿意接受挑战的学生，最终成绩反而更好。

成长型心智模型的孩子当然也希望自己取得好成绩，但他更重视学习的过程，因为只有学习才能促使能力提高，能力提高才能促进成绩提高。因此，他们始终都有学习的动力，也不怕面对挑战。

（2）要不要努力?

那些固定型心智模型的孩子认为，既然人的成就是由天赋决定的，而天赋是固定、不可改变的，那就不需要付出特别多的努力。他们甚至会认为，如果需要付出很多努力，就说明这个人不够聪明。这些孩子在开始的时候可能做得挺不错，但他们没有学会客观认识和评价自己的能力，没有学会面对失败怎样调整自己的情绪，没有学会怎么学习，比如回顾过程、调整策略等等，所以他们慢慢就达到了自己的瓶颈并且无法突破。很多看起来很聪明的孩子，父母或者老师认为他们并没有充分发挥自己的潜能，一部分原因就在这里。

那些成长型心智模型的孩子认为，学习或者反复练习是提高的关键。要想提高，就必须反复练习。

德韦克对大学的橄榄球运动员做过一个实验。实验结果表明，认为比赛要出成绩应靠训练的运动员，他们的成绩要远远好于认为运动能力是天生的运动员。而且，教练的价值观也很重要。如果一个教练重视练习和努力，而不是运动天赋，他的队员的比赛成绩会更好。

（3）怎样面对结果？

那些固定型心智模型的孩子，在没做好的时候常常会找出很多借口。他们认为，做得好不是我可以控制的，同理，做得不好也不是我可以控制的。而且，他们为了让自己感觉好一些，会去和那些不如自己的人比。有时候，他们甚至会放弃努力，不花时间，这样他们会有更多借口：我失败了，不是我不聪明，而是我没花时间，如果我花时间，就一定能学好。但实际上，他们因为无法面对“我花了时间也学不好”的结果，会持续不花时间。

而那些成长型心智模型的孩子能够坦然面对结果，审视自己的能力，回顾自己的学习过程，并重新调整策略或目标。他们肯定不会坐在那里抱怨：我今天运气不好，或者我今天没穿我的幸运外套。

怎样帮助孩子建立成长型心智模型

我们前面讲了那么多原理，那么父母应该怎样帮助孩子建立成长型心智模型呢？

四个办法：建立成长型心智模型

（1）成人自己必须具备成长型心智模型。

我想讲个小宝的故事。

小宝参加网球联赛，一个赛季要打七八次比赛，最后算总积分。有一次，比赛打得非常艰苦，比分不断被拉平，最后以微弱的比分输掉了这场比赛。比赛结束后，小宝蔫蔫地走过来。我很想安慰他，但如果只是说一句“你已经尽力了”这样的话，会显得有些空洞。因此，我只是抱了抱他，摸了摸他的背，然后一边收拾东西，一边思考应该怎么说。

这时，教练特意绕过来，看着小宝的眼睛说："小宝，你今天打得非常好，比上个星期更好（上个星期他倒是赢了）。有时候，我们不能单纯地用输和赢来看一个人打得好不好。今天你和对手水平相当，比赛很精彩，你打得非常好，有进步。"

教练说完，小宝的脸色很快就好转了。显然，小宝的教练更重视技术的进步，而不是一时的输赢。这对小宝的鼓励非常大，他也愿意继续练习，提高技术，而不是纠结于一时的输赢，这才是真正的培养孩子成长型心智模型。而我也从教练那里学到很多。

因此，父母作为成人，也必须不断建设自己的成长型心智模型。只有我们自己具备了成长型心智模型，才能潜移默化地影响孩子，并帮助孩子建立起成长型心智模型。

（2）创造"容错"环境。

孩子在什么环境里更愿意积极地探索、学习和进取呢？当然是一个允许他们犯错，并能把犯错当成学习机会的大环境。

我们需要反思一下，自己给孩子创造了什么样的教育氛围。很多父母在陪孩子做作业时，经常会说："这么简单都会错？"或"你这样的答案不对，重新想一个。"孩子们从小就在小心翼翼地寻找这个正确的答案。学校布置的作业，一些开放性的题目也设有标准答案，这就束缚了孩子学习的积极性。更为糟糕的是，如果孩子没找到正确答案，可能会挨批，甚至被嘲笑。孩子本来想去学各种各样的东西，但却逐步被这种犯错的担心所捆绑，导致放不开手脚。这样的孩子，怎么可能自信而勇敢地接受挑战呢？

父母不要着急，从自己的言行举止上，慢慢改变，把孩子身上的压力去掉。

有个妈妈说："我对孩子从小要求严格，常常她一做错事就责备，有时候言语上克制了，但是眼神语气会表现出我的不满。结果孩子对于犯错非常害怕。有一次她不小心打破了杯子，我都没来得及说什么，她就已经开始哭了。"

我跟她讲了容错环境的重要性，后来她也不断提醒自己，要包容、理解孩子，给孩子爱和支持。坚持了大半年，这样的事情又发生了，孩子不小心打破了杯子。这次孩子主动跟妈妈说："妈妈，我不小心打破了杯子。这个杯子就放在桌边，很容易碰到。以后我们应该把杯子往里面放。"妈妈也说："对啊，我们要吸取教训。"然后母女俩一起把地板收拾干净了。

这位妈妈很欣喜地告诉我她和孩子的转变。妈妈改变了，孩子也会改变，变得能主动表达自己，敢于承担责任，并且通过思考，吸取教训。这些能力很重要。在任何时候，我们都希望孩子能够面对和承担自己做事的结果，而且能够积极思考去改进。这都可以通过"容错"的大环境来实现。

（3）着眼过程，具体帮助。

很多父母之所以在孩子遇到困难或者没有提高的时候焦虑不已，是因为他们自己过于看重结果，对孩子克服困难没有信心。在心浮气躁的情况下，父母的指责就变得很常见。他们会批评孩子不好好练习，或者对孩子讲大道理，等等。

这些都不是真正的帮助，而是空洞的说教和期望。

要帮助孩子建立成长型心智模型，必须着眼于过程，从具体的小事着手帮助孩子。可以时常提醒孩子，正是这一件件小事，构成了整个学习过程。只要做好每一件小事，就一定可以进步。这些不是空洞的说教，而是陪着孩子一步步做出来的。

大宝从小在学习方面入门很快，几乎没怎么费过力气。因此，如果有一件事情，他学了一段时间还是没什么进步，就会接受不了，甚至会崩溃或者想要放弃，这样的孩子特别需要帮助。我们很幸运，老师和教练在接触大宝一段时间后，都了解了他这个特点，经常用各种小办法来帮助他。

大宝刚开始学大提琴的时候，拿弓的姿势不对。上课的时候，老师纠正他的拿弓姿势，大宝很快就有点不耐烦了。老师认真地说："我知道你学什么都很快，可能不太有这样的体验。拉琴需要我们身体的各个部位互相配合，而不是脑子里学会就行了。"老师还给他看自己左手的茧子，"动作需要一定时间的练习，而技能需要花很长时间来提高。"

同时，我也会给大宝具体的帮助。比如在上课的时候，我会认真观察老师是怎么说、怎么做的。回家之后，我会重复老师的动作，并提醒他。大宝在练习的时候，我会经常给他反馈，大部分是正面反馈。比如，"刚才那一次非常自然，你再来一次，感受一下。"有时候，我也会亲自拿弓感受一下，并跟他说："妈妈虽然不专业，但我感觉手指这样做才能更好地平衡，你试试看。"我不是监工，而是他的学习伙伴。

过了一段时间，大宝确实进步了。这时我再跟他回顾他从这个经历里实实在在学到的，暂时做不到也不用着急，只要用正确的方式持之以恒地加以练习，就一定会进步。当大宝练习其他技能的时候，我也会把这个成功的例子讲给他听，并跟他说，“咱们不需要一夜之间就掌握，不如定个目标吧，妈妈来帮助你，两个月能掌握就可以了。”因为有前面的成功经验，他很快就被我说服了。

有一段时间，大宝在打球的时候反手弧度做得不到位。教练指出这个问题的时候，大宝很不高兴。我们没有给他讲任何空洞的道理，而是每到周末就会带着他去练习。就这样一直练了几个星期，大宝的反手弧度做得越来越到位了。有一次训练结束后，教练特意跟他说：“现在 95% 的时候，这个弧度你都能做出来了。”大宝因此更加积极地练习了。

当教练指出他需要加强的地方时，孩子不高兴，怎样才能让他去正视这件事呢？答案是，通过具体的帮助，引导他把视角放在过程上。同时，及时给孩子正面的反馈，帮助孩子建立信心。这样当孩子真正提高的时候，他才能理解：教练指出我做得不好的地方，不是批评我，认为我不是个好运动员，而是提醒我这个地方还可以进步。孩子的这种理解和思维方式很重要，会指导他后续的行为和态度。这才是真正培养孩子的成长型心智模型。

（4）告诉孩子什么是成长型心智模型。

大宝和小宝学校的老师有时候会给他们讲，什么样的行为和态度体现了成长型心智模型，这些行为和态度对他们的学习和成绩有什么好处。这样可以让孩子有意识地去思考，自己的行为和态度会如何影响自己的成绩。

我还会和孩子们讲大脑的发育和可塑性，大脑会通过不断得来的经验，持续建立新的链接。

有段时间，每当大宝解决一个新的难题，都会特别高兴地跟我说："妈妈，我觉得我的大脑在滋啦滋啦地成长。"孩子喜欢学习，沉浸在成长的快乐中，这样遇到难题也愿意去啃硬骨头。

我也会跟孩子解释，大脑建立新的链接，开始的时候很脆弱，很容易断，所以需要不断复习。大宝在做题的时候发现，有些自己以前会做的题目，现在一下子又不会做了，因此特别生气。我就跟他说："这种情况其实很常见。这并不是因为你以前没学好，而是因为你大脑里建立的新链接还不够牢固，所以临时断掉了。不过没关系，只要你再复习一下，就可以把这个链接稳定下来。"经过我这么一解释，孩子自然明白了复习的必要性，也不会影响他学习的信心。

当我们帮助孩子建立起成长型心智模型时，孩子有了学习动机，会更愿意主动学习；当孩子喜欢上学习，他的成绩和技能就会进步；而成绩和技能的进步，会促使他选择成长型心智模型。这是一个良性循环。当孩子的状态越来越好时，父母和孩子的相处也会越来越轻松。

三个注意：培养成长型心智模型

要想培养孩子的成长型心智模型，父母自己首先要吃透其中的精神，而不能照猫画虎，只从表面下功夫。

（一）努力与聪明

很多育儿文章中提到，要想培养孩子的成长型心智模型，就要做到“只夸努力，不夸聪明”。真的是这样吗？这些育儿文章其实是受到德韦克经典研究的影响，但把德韦克的理论简化成一句口号了。

德韦克的经典实验是这样做的。实验者邀请了两组孩子完成一个拼图测试。测试结束以后，实验者夸赞第一组孩子“你真聪明”，而夸赞第二组孩子“你真努力”。德韦克认为，对孩子的不同评价，会影响他们的后续行为。接下来，实验者让两组孩子继续玩拼图。这一次，允许孩子们自己选拼图，可以选一组更容易的拼图，或者更难的拼图。结果发现，第一组孩子大部分选了更容易的拼图，因为他们想继续保持自己的聪明形象；而第二组孩子则大部分选了更难的拼图，因为他们想继续挑战自己。

德韦克这样解释实验结果：称赞孩子努力有助于他们形成成长型心智模型，称赞孩子聪明则容易让他们形成固定型心智模型，因为“努力”是个人可以控制的因素，而“聪明”是无法控制的因素。成人可以通过这种方式来影响孩子对事件的解释，逐步帮助孩子形成成长型心智模型。

但是，德韦克并没有让父母严格遵守这个实验的表面意思。仔细想想就会知道，这种“只夸努力，不夸聪明”的说法，在现实中是行不通的。我们并没有把孩子养在一个与世隔绝的温室里，如果孩子确实很聪明，即使父母不表扬孩子聪明，也无法阻止别人夸孩子聪明。那些街坊邻居、老师同学等的评价，都会影响孩子。所以，关键不是要不要夸孩子聪明，而是我们有没有改变孩子的心智模型。

大宝的老师和同学经常夸他聪明，很多高年级的孩子也认识他，称他为“聪明的小孩”。我有时候也难免心里犯嘀咕，担心大宝承受了太大的压力。有一次，我试探性地问他：“总是有人说你聪明，你会不会感到压力很大？如果你做错题，会不会觉得自己不聪明了？”一般固定型心智模型的孩子，会很看重自己在别人眼里是不是聪明，并且用结果或者成绩来定义自己是否聪明。没想到大宝却很不在意地说：“不会啊，我又不是机器人，怎么可能永远都不做错？做错了，不是正好从错误中学习吗？”那时他刚刚 11 岁，我听了以后特别欣慰。这说明，在我和孩子爸爸、老师、教练等人的共同努力下，我们给大宝传递的信息和创造的环境，让他慢慢形成了成长型心智模型。当然，不是说他从此以后对待每件事情都如此，但是这个方向是对的，我们只要沿着这条路慢慢走就好了。

还有人问：“孩子确实挺聪明的，很多事情没见他努力就做成了。我如果夸他努力，不就不诚实了吗？”这个问题问到点子上了。我们夸孩子，肯定要发自内心地说出自己的感受，怎么能一律战战兢兢地使用这样的固定句式呢？

德韦克的两个心智模型研究告诉我们，我们应该重视的是过程，而不是结果。我们要看到孩子做这件事情的过程，做了哪些事情，付出了什么努力。很多人一听努力，就会联想到“刻苦”“辛苦”等词。其实，孩子在完成这件事情的时候，一直保持着热情和兴趣，这也是做事的过程啊！不管他最后是不是成功了，不管是艰难完成还是轻松做到的，我们都可以很真诚地称赞他完成这件事的经过，让孩子感到我们对他由衷的欣赏和情感。这才是核心。

所以，父母没有必要过于纠结自己的句式和用词。只要父母看重孩子做事的过程，而不是只用最后的结果来评价他，孩子就能被激励。

（二）努力与策略

关于成长型心智模型，还有人误以为只需要强调努力就好了。其实这在现实生活中也是行不通的。

有时候，孩子特别想做成一件事情，结果却没做成，他会感到很沮丧。父母安慰他，“不要紧，下次再努力一点，一定能有进步。”这种鼓励其实没有任何作用。我们都知道，有时候一个人即使再努力，也无法达到目标。用这样的方式鼓励孩子一条道走到黑，其实并不是成长型心智模型。

那应该怎么做呢？我们要多观察孩子，并客观地评价孩子的能力。我们在第二章讲过孩子发展的三个区：舒适区、挑战区和恐慌区。当孩子没有达到某个目标时，父母要冷静地想一想：这样的目标和孩子当前的能力匹配吗？是否定得过高，或者方向偏了，或者有什么问题需要克服，等等。良好的意愿当然是好事，但也不能一味蛮干。父母还可以经常和孩子讨论一下：他现在的能力如何，达到目标要花多长时间，需要什么样的策略，是否需要调整，等等。这些都有利于孩子逐渐取得进步，从而建立成长型心智模型。

我教过很多本科生。美国的本科生日子其实不太好过，因为平时的出勤、作业、小考、考试、论文，全部要算进总分，一般一个学期至少有 4 次考试。曾经有个学生，第一次考试没有及格。我特意约见了他，并跟他说："你现在考过一次试了，应该会发现我的考试是什么样子的，单单靠背是不行的。我的题目是活的，你必须要学会用。"然后我就教他，听课怎么做笔记，PPT 怎么利用，复习的时候怎么结合 PPT、教科书以及自己的笔记。第二次考试，这个学生及格了。第三次考试，他考到了 C+。他特别激动地来办公室感谢我。因为我教他怎么学习，他知道努力的方法了，而不是一味蛮干。

还有些学生，虽然平时学习很认真，但是一写论文就困难重重。每个学期，我都会叫几个这样的学生到办公室开写作小灶。我把论文的写作要求写得特别清楚，论文应该分成几个部分，参考文献要怎么引用，给他们写一个索引，让他们在写的时候心里有底。有一年，有个学生考试还可以，但论文实在不成样子。第一次论文交上来，我给他改，他也很用心地学，到了第三次，论文已经像模像样了。最后，他的成绩是 B+，他很满意。第二年我不教他了，有一天我下课回办公室，他在我门上的留言板写着："陈博士，我很想念你！你最喜爱的学生乔丹。"我看了，心里也暖暖的。

所以，父母也好，老师也好，不是只夸孩子努力就够了，一定要教他方法，把方向给他指对。

（三）压力与挑战

成长型心智模型和固定型心智模型不是两个简单的标签，只在口头上说说就好了。如果成人一边说要培养孩子的成长型心智模型，一边只看重成绩和结果，对孩子的错误也不能容忍，那实际上培养的还是固定型心智模型。孩子不是看成人如何说的，而是看他们如何做的。

里琪（Ricci）曾经做过小学老师，她在学习了德韦克的心智模型理论后很好奇：一个人的心智模型是怎样发生变化的呢？她的研究方法也比较简单，就是去采访孩子，看看他们对智力的看法是什么。比如问孩子，你觉得有些人天生就比较聪明吗？结果非常耐人寻味。

从年龄段来看，学前班的孩子最乐观，不管是贫困家庭的孩子，还是中产家庭的孩子，都认为自己什么都学得会，智力是可以改变的。到了一年级，依然有 90% 的孩子对学习充满了热情和信心，只有 10% 的孩子认为，有些人天生聪明，我们不可能改变人的聪明程度。到了二年级，数据略有上升，18% 的孩子认为无力改变一个人的智力。到了三年级，人数一下子变多，48% 的孩子认为智力是自己无力改变的。

这个研究并不完美，却给了我们一个反思的机会。孩子小时候都很乐观，对自己充满信心，认为自己什么都学得会，有无限的可能性。那么，父母、老师、教练可以在孩子小时候，从小事做起，慢慢潜移默化，让他们继续保持这种乐观。

很多孩子在成长的过程中逐渐丧失了信心，主要是因为随着父母、老师不断提高要求，学业逐渐加重，孩子无法自如地面对压力。孩子都有好奇心，愿意学习新东西。在这个过程中，如果成人给孩子传递的信息是，你一定要做到最好，错误无法容忍；甚至给孩子提出过高的要求，不断给他加码；或者，掌握新东西一定要快，快就是聪明，快就是好。这些都会对孩子形成压力。

还有不少父母或老师认为，只要超前学就是好，有时候即使教一些解题套路也在所不惜，完全不顾孩子是否能理解。这恰恰伤害了孩子的思维发展和学习能力，并会让孩子产生压力或者厌倦的情绪。

有些成人自己并没有成长型心智模型，因此在看到孩子没有做到最好或者出错的时候，会产生压力和挫败感。因此，成人要先处理好自己的情绪和认识，才能客观冷静地面对孩子。

“学习新东西是让我成长的机会。有些东西暂时学不会或者出错都没关系，这只是成长过程中遇到的挑战，而接受挑战可以使人突破瓶颈，取得进步。”当孩子有了这样的想法，他就会用发展的眼光来看待成长，并且有能力把压力转化成挑战。这样的观念会让孩子变得更有韧性，走得更好更远。

爱是孩子面对挫折的铠甲

美国儿童心理咨询师佩里（Perry）写过一本诊疗笔记《登天之梯》，里面提到一个小白鼠实验，让我们看到了压力和抗压能力之间的关系。实验中有两组小白鼠，第一组在年幼的时候施加过压力，第二组没有施加过压力。然后，实验者培训这两组小白鼠走迷宫。培训以后把它们放在迷宫里，并对两组小老鼠施加压力。实验者发现：即使是最缓和的压力，也会让第一组小白鼠完全忘记怎么穿越迷宫，它们会乱作一团，四散开来，而第二组小白鼠却不会受到影响。

这个实验告诉了我们一个什么道理呢？很多人认为，在年幼的时候对孩子严厉，可以帮助他们以后更好地面对挫折。而实际上正好相反，压力并不能帮助孩子更好地面对挫折，只有健康的心理状态，才能让孩子更好地面对挫折。

父母的爱，而不是苛责，才是孩子面对挫折的铠甲

人人都希望自己的孩子在遇到困难的时候能够坚持，遇到挫折的时候能够坚强。不过，这不可能一蹴而就。这需要父母的爱作为缓冲带，以减轻孩子的压力，同时也需要孩子自己心智上的成长。在这个过程中，孩子会逐渐为自己打造起应对挫折的铠甲，这样在真正需要迎战的时候，才会有备无患。

回到育儿原则的根本，也就是本书第一部分所说的，父母要从整体去看待儿童的发展，权衡利弊，平衡养育，建立良好的亲子关系，一步一个脚印，和孩子站在一起共同面向未来，面向发展。

为孩子面对人生的起起伏伏做准备，不一定非要用讲话的形式说给孩子听，父母和孩子在一起生活的时候，就是在身体力行地影响孩子的方方面面了。

教育中的自我实现预言：罗森塔尔实验

著名的罗森塔尔实验（Rosenthal experiment）是这样进行的。实验者去一个学校，对孩子们进行了一个测试。然后他随便选了几个学生，私下跟老师说："经过测试，我认为这几个学生很有潜力。不过在接下来的一个学期，希望你不要做任何特别的事情，对待这些学生要跟对待别的学生一模一样，我会密切关注你的行为。"老师以为实验者真的会关注自己的

行为，因此并没有特别对待这几个学生，所有的课程、作业都和其他学生一模一样。然而到了学期末，实验者发现，这几个学生的成绩都取得了很大的进步，竟然实现了他们的预言——这几个学生很有潜力。其实在学期初，这几个学生只不过是实验者随机选出来的，而且他们的测试成绩也很普通。这究竟是怎么回事呢？

实验者认为，当一个老师认为这个学生很有潜力的时候，他的一些非语言行为传递了他的期望，比如他的注视、神情以及其他身体语言，都会不知不觉地向孩子传递一种信息——我看好你！孩子接收到这些信息，真的会慢慢变得越来越好。

这就是教育中的自我实现预言（self-fulfilling prophecy）。当父母或老师经常对孩子做出正面评价，甚至都不需要用语言，仅仅用非语言行为，就能影响孩子，让他们朝着父母或者老师期望的方向发展。就像实验中那几个随机挑选的普通孩子，因为老师相信他们有巨大的潜力，进而对他们充满期许，结果他们的成绩真的开始大幅度提高。

相反，如果父母和老师经常对孩子做出负面评价，比如，“你这孩子怎么这么懒？”或者，“你这孩子总是这么粗心！”孩子受到这种负面评价的影响，可能会逐渐破罐子破摔，最后真的变成这样的孩子。

父母或老师的期望会对孩子产生很大的影响

从罗森塔尔实验中，我们知道：父母或老师的期望，会对孩子产生很大的影响。而且，这种影响不一定要通过一件多么刻骨铭心的事情。在日常生活中，成人通过各种语言或非语言的方式，向孩子传递着方方面面的信息，让孩子朝着成人“预言”的方向改变。这也被许多其他实验所证实。

所以，父母首先要改变自己对孩子的看法，要常常跟自己说：“这个孩子可以的，我看好他！”父母常常跟自己这么说，说不定还可以改变自己的一些非语言行为。每个孩子身上都有闪光点，就看你能不能去发现。发现了还不够，还要经常去擦拭，让这个闪光点越来越闪耀。有了父母作为强大后盾，孩子必定所向披靡。

老师的作用也很重要。到了小学阶段，老师对孩子的影响很大。老师是不是只在意成绩，是不是经常用成绩来评价学生，在孩子回答问题时是鼓励还是嘲讽，这些都会对孩子的心智模型产生重要影响。

有一个实验，邀请三至八年级的孩子来评价老师。实验者发现，如果学生评价这个老师是积极的，认为老师经常正面评价学生，这些学生往往学习更努力，到了学期末成绩也更好。而如果学生评价一个老师是消极的，这些学生往往很容易放弃一个困难的作业，并且常常怀疑自己的能力，到了学期末的时候，他们的成绩也不如那些积极评价老师的学生。

孩子的发展有共性，也有个体差异。作为父母和老师，我们需要尽量把自己的工作做到位，帮助孩子逐步建立起应对事件的模式。这也是贯穿孩子人生很长一段时间的发展任务。回想我们自己，从小时候到成人，逐渐形成了相对稳定的应对模式，但很多时候都是不由自主或不自知的。现在我们学习了这些概念和理论，了解了我们可以做出什么样的改变，那么就需要自己首先做出改变。我们还可以把这些概念告诉孩子，让他们尽早了解自己的思维方式和应对模式，有意识地调整自己的观念、行动以及情绪。

本章小结

本章介绍了复原力的概念，并分析了影响复原力的因素。对于个体来说，一个人对事件的解释方式，影响着他的态度和行为。这就是德韦克所提出的不同心智模型会影响人们的态度和行为。

本章通过比较成长型心智模型和固定型心智模型，为父母提供了很多具体的建议，来帮助孩子发展成长型心智模型。

要培养孩子强大的复原力，离不开父母的帮助和支持。父母的爱是孩子面对挫折的铠甲。

给孩子无条件的爱。

第九章

处理信息：注意力

注意力是很多父母关心和焦虑的问题之一，因为注意力和学习成绩直接相关。很多父母都认为自己的孩子注意力不好，认为能够长久地做一件事才是注意力好。有些父母甚至用一些道听途说的办法训练孩子的注意力，反而可能阻碍孩子的发展。

本章的目的是希望父母理解究竟什么是注意力，注意力的发展又和哪些能力息息相关。良好的注意力需要有其他能力作为支持。本章还分享了很多可以在生活中应用的具体办法，帮助父母润物细无声地培养孩子的注意力。

婴幼儿的注意力

很多人都很关心孩子的注意力这件事，而且对注意力有很多误解，以为注意力就是专注在一件事情上，时间越长越好。其实并不是这么回事。

前面讲过发展的三个维度，注意力属于认知发展的维度。从孩子发展的整体性来讲，注意力的发展与孩子的生理发展、社会性发展以及情感的发展都是分不开的。

婴幼儿注意力的发展特点

婴幼儿的注意力有什么发展特点呢？

（1）注意力从出生就开始发展了。

孩子从出生起，注意力就开始发展了。孩子的注意力和生理发展是分不开的。新生儿的耳朵就可以分辨很多声音，他们喜欢复杂的声音，甚至是噪声，但是不喜欢纯音。几天大的孩子就能分辨出声调和音节，以及声调里含有的情绪。

由于听力的发展，孩子在清醒的时候可以注意到周围的声音。当 3 天大的孩子听到一个声音时，他能够把头和眼睛转向那个声源。但是，孩子的视觉发展比听觉发展要慢。新生儿的眼睛无法很好地聚焦，他们看 6 米远的东西，就像成年人看 183 米远的东西那样看不清楚。不过，他们能够注意到声音和玩具，可以追踪声音或者一个有声音的玩具。孩子这时的状态是警觉的，能够注意到周围的不同刺激，并做出反应。

（2）婴幼儿更喜欢关注新奇的事物。

婴幼儿喜欢关注新奇的事物，他们的注意力会不停地被新事物所吸引。婴儿与生俱来的追踪能力，保证了他们能够持续、快速地学习，并不断丰富他们的知识库。

如果我们给孩子反复呈现某一样东西，他们会慢慢失去兴趣，不再注意这个东西了，这个过程叫作习惯化。这时如果给孩子提供一样新的东西，他们马上又会开始注意，并长久地看着这个东西，这个过程叫作反应恢复。习惯化和反应恢复这两种模式，确保了孩子的注意力可以集中到他们所知最少的东西上，并快速学习。

很多妈妈担心地问我："我家孩子玩玩具，总是一会儿玩这个，一会儿玩另一个，这是不是说明他的注意力不够好？"

我们设想一下，假如一个孩子经常专注在自己熟悉的玩具上，一直玩同一个玩具而注意不到其他新鲜事物，那么他就没法学习其他东西的特性。这恰恰不利于婴幼儿的学习和发展。如果一个孩子能够迅速注意到周围的新事物，反而会从这些新事物当中学到很多东西。

婴幼儿的学习能力非常强。研究发现，新生儿需要花 3~4 分钟时间去判断某个东西是不是自己熟悉的，但是 4~5 个月大的孩子却只需要 10 秒就能发现这个东西和前面那个东西是否一样。

很多人可能会觉得，孩子集中在一件事情上的时间越长越好。实际上，我们既希望小宝宝能够注意到新鲜事物，也希望他们能够自如地转移自己的注意力。自如地转移注意力是一种高级功能，也是注意力发展不可或缺的一部分。科学家发现，3~4 个月大的孩子转移注意力比 2 个月大的孩子要好，因为他们控制眼球移动的大脑皮层发育更好了。

（3）1 岁以后，持续注意的能力增强。

1 岁以后的孩子开始慢慢有了“有意图的行为”，注意新鲜事物的行为渐渐减少（但是不会消失）。有意图的行为是指有目标地注意一件事情，这说明孩子持续注意的能力增强了。比如，孩子会把积木一个个堆起来，或者一个个放到筐里。这些任务对成人来说非常简单，但对孩子来说，必须有持续的注意力才能完成。当任务变得越来越复杂，比如由一个步骤变成两个或者三个步骤，孩子持续注意的时间也会变得越来越长。

怎样帮助婴幼儿发展注意力

父母可以在生活中，通过一些自然的事情或者游戏来帮助婴幼儿发展注意力。

（1）经常跟孩子说话，让他们注意到不同的声音。

父母在和孩子说话的时候，要具备一些特点，让孩子愿意注意。比如，父母可以用比较高或者夸张的声调来跟孩子说话，放慢节奏，并强调部分重要的音节，还可以一边说一边配合表情、眼神、抚摸等。这些都会让孩子更专注地听父母说话。

我在第三章讲过同步互动，父母要注意观察孩子的状态，在孩子清醒并愿意接受的情况下才这样做。如果孩子疲倦了，或者父母说话太密集，反而会适得其反，导致孩子躲避这样的刺激。

（2）用行动或者语言，鼓励孩子持续关注一件事物。

对于 1 岁左右的孩子，父母可以用行动或者语言培养孩子的持续注意能力。比如，孩子在用积木搭高塔时，父母可以跟他一边玩一边说，“我们可以把这块小的放在上面”“这里还能再放一块”等等，让他能够把注意力更长久地集中在这个玩具上。

（3）经常和孩子做一些游戏。

我们要帮助婴幼儿发展注意力，就必须首先了解大脑的抑制功能。很多人看到“抑制”二字，以为是不好的事情。

其实恰恰相反，学龄前儿童注意力的进步，跟他们抑制能力的增强有关。

发展心理学中有很多类似的实验。比如，让孩子完成一个游戏，看到太阳的照片要说晚上，看到星星的照片要说白天。或者，听到小西瓜把双臂张开，表示大；听到大冬瓜把双臂收拢，表示小。在玩这类游戏的时候，3~4 岁的孩子经常会出错，而 6~7 岁的孩子却觉得挺容易。当孩子看照片的时候，视觉信息是主要信息，说出来的话必须和视觉信息不一样；当孩子听名词的时候，听觉信息是主要信息，做出来的动作必须和听觉信息不同。这时，孩子就必须学会抑制自己，不去注意主要信息，这样才能顺利完成游戏。这种抑制能力很重要，能够帮助孩子排除干扰。

抑制能力的发展，一方面和大脑执行功能的发展有关，另一方面和成人的帮助也有关——成人可以多示范，多提醒。经过反复提醒，让孩子有意识地把注意力集中在自己应该专注的地方，以免受到无关信息的刺激和干扰。如果孩子经常锻炼这种抑制能力，他的认知发展水平、情绪控制能力和社会交往能力都会发展得更好。我们在后面讲到心智工具方案（tools of mind）时，还会介绍一些具体的办法。

最后提醒父母，千万不要把这种游戏当成“训练”孩子注意力的方法，整天用这种游戏去训练孩子。因为在自然的生活和游戏中，孩子就有很多机会去锻炼自己的抑制能力。

注意力发展的基础

父母要想了解注意力是怎么发展的，必须首先了解一下信息处理理论（information processing theory）。

注意力的工作原理：信息处理理论

信息处理理论主要是研究人是怎么处理信息、监测信息、运用信息的。从信息加工的角度来看，一个人的思考过程，就是一个信息接收、编码、储存和提取的过程。

人的认知发展是连续的。儿童和成人的区别在于，成人处理信息的速度更快，能够同时处理的信息也更多。比方说，儿童会记忆，成人也会记忆，如果在两分钟之内告诉他们10个单词，成人能记住的单词个数一般比儿童多。

那儿童的注意力是怎么发展的呢？信息处理理论提出了

一个重要的概念——认知资源。认知资源指的是信息处理的速度和容量，这两方面的发展都会影响注意力。从这两方面去理解注意力的发展，就比较容易了。

注意力的发展基础：信息的处理离不开大脑的发展

信息的处理离不开大脑的发展，让我们先了解一下大脑的发展。

神经系统最基本的结构和功能单位是神经元。神经元有三个组成部分——细胞体、树突和轴突。树突专门负责接受信息，轴突专门负责向其他神经元输送信息。

随着大脑的发展，轴突会被一种叫髓鞘的组织包起来，这个过程叫髓鞘化。越来越多的轴突被越来越多的髓鞘包起来，这会产生什么作用呢？髓鞘化会让神经系统处理信息的速度更快、更有效。

随着孩子年龄的增长，髓鞘化的轴突越来越多，他们处理信息的速度会越来越快，处理信息的容量也会越来越大。

（1）处理信息的容量增加了。

孩子处理信息的容量增加了，说明他能够同时处理更多的信息。我们怎么才能完成不止一项任务呢？脑子里不仅要保存很多信息，而且还要能够很快地切换指令。

刚上学的小学生大脑处理信息的容量不大，如果老师发出一个含有 3 个步骤以上的指令，他很可能只完成一个指令，就分散注意力去做别的事情或者开小差了。所以，给小学生的指令要尽量简单，或者不断重复指令，或者清楚地标出来步骤，这些都可以帮助孩子集中注意力。相对来说，中学生的大脑能够保存更多信息，在解决一个复杂问题时，能够同时关注并处理这个问题的各个方面。

（2）处理信息的速度提高了。

当孩子处理信息的速度提高了，他会变得更加专注，也更容易完成任务。

举个例子，当我们去超市买东西时，很多人走向收银台的时候，可能已经在脑子里算出所买的东西大约需要花多少钱。因为成人的大脑可以装得下这么多信息，而且可以快速处理这些信息。而孩子的大脑还装不下那么多信息，处理信息的速度也没有那么快，因此他们在心算的时候需要花更长的时间，也更容易遗忘。所以，孩子的大脑处理信息的容量和速度，影响着他们处理信息的能力。

如果父母不理解这些原理，仅仅从外在表现来看，可能会以为孩子不专心，算着算着跑神儿了。其实并不是他故意跑神儿，而是因为他大脑里存放的信息已经遗失了。

注意力和工作记忆密切相关

我们是怎么记住信息的呢？

我们要先注意到某个信息，并让这个信息进入大脑，才有可能记住它。这个信息会通过各种感官——听到的、看到的、闻到的、摸到的、尝到的——进入人的大脑。信息只有被我们注意到了，才有可能被记住。打个比方，一个人进入房间，突然被一件事情所吸引，随手放下了车钥匙。等到再要出门的时候，他很难回想起把车钥匙放在哪儿了。因为他虽然做了放下车钥匙这个动作，但是却没注意，这个信息没有在大脑那里做过登记，所以他一点都记不得了。

父母可能还会发现这样一种现象。特别小的孩子闹着要一样东西，父母很容易用别的东西转移他的注意力。因为孩子很快就会被新的东西所吸引，从而忘记自己一分钟前想要的那个了。这一方面是因为小孩子容易被新鲜的事物所吸引，另一方面也取决于孩子记忆力的发展。孩子在大约 7 个月的时候，工作记忆开始慢慢发展起来。等到 1 岁的时候，父母再想通过转移注意力来让孩子忘记他想要的东西，就会发现慢慢不灵了。为什么？因为孩子的记忆力发展了。而且，工作记忆会在孩子的整个儿童期和青少年期持续发展。

注意力不好，可能是信息太多处理不过来

很多父母或老师常常给孩子贴标签，说孩子注意力不好。比如，孩子刚上小学，如果老师说："现在请同学们打开课本，翻到第 29 页，做第一题。"这个指令比较短，孩子们就都能很快打开课本，找到第 29 页，然后从头开始做题。可是，如果老师说："请大家先把作业交给小组长，再回到座位，拿出文具盒，准备好尺子，然后翻到课本的第 78 页，我们今天要学习测量。"可能很多孩子都无法顺利完成这些任务。

原因可能是：第一，对小学生来说，这个指令太长，包含的信息太多，孩子根本记不住；第二，在完成这么多步骤的过程中，孩子会遇到很多干扰，比如当孩子打开文具盒时，一下子被里面的橡皮吸引了，于是把橡皮拿出来玩一下，然后就忘记接下来要干什么了。

有的老师会认为，这说明孩子的注意力不够好。其实更大的可能是，孩子心有余而力不足。老师给出的信息太多，他根本处理不过来，所以就显得不专注了。在这种情况下，老师可以把指令变得简短，或者反复提醒孩子，或者把步骤写到黑板上，这些都可以帮助孩子完成任务。

在家也是同样的道理，父母也需要尽量给孩子下达简短的指令，这样既容易理解，又容易执行，可以减少很多看似孩子不专注的现象。

三大要点：帮助孩子集中注意力

注意力是一种复杂的脑力活动，受多方面因素影响，而且也和大脑的发展有关。俄勒冈大学的心理系教授波斯纳（Posner）说，一个人要想集中注意力，必须做到以下三点：

（一）警觉状态

我们需要自主地去注意一些事情，昏昏欲睡的状态就不行。

（二）转移

如果我们一注意到什么东西，就再也转不走了，那就麻烦了。我们应该有这样的能力，在需要的时候能够随时改变注意力的方向。

（三）保持

我们可以把绝大部分注意力集中在一件事情上，并能够把无关的刺激、想法以及情绪的影响排除在外。

警觉状态是与生俱来的。几天大的小婴儿在清醒的时候，会出现警觉的状态。比如，在吃饱之后的舒服状态下，我们如果摇一个摇铃，他会注意听，并尝试转头追踪摇铃的声音。随着孩子颈部力量的增强，到了14个月，孩子已经能够比较自如地转移视线，把警觉和转移很好地配合起来了。而保持注意、不被其他因素干扰的能力发展得就比较慢了。在婴儿眼中，周围的很多东西都是新鲜的。如果想要在某样东西上保持注意力，并且不受其他事情的影响，就需要抑制能力。抑制能力受到前额叶发育的影响，而前额叶的发育比较慢，贯穿了孩子的整个儿童期和青少年期。

通常认为，保持注意力所需要的抑制能力从2岁开始发展，但是一直要到7岁才能发展得比较好。当然，如果比较7岁和17岁孩子的抑制能力，肯定是17岁孩子的抑制能力发展得更好。

只有了解了注意力的工作原理，以及注意力发展的基础，父母才会明白：注意力到底是什么，以及人的大脑是怎么工作的。注意力的发展可不是一句简单的“把注意力集中在一件事情上”。当父母明白了这些原理，自然也就有了同理心。

父母有时候为什么会对孩子没有同理心呢？因为他们不理解这些原理，也不理解孩子为什么会有这样的行为。所以，只有了解了孩子的发展特点，父母才会真正理解和接纳孩子的一些想法和行为。

小学生注意力的发展

跟学龄前儿童相比，小学生处理信息的速度变快了，容量也变大了。更重要的是，小学生的抑制能力增强了，因此注意力也更好了。

抑制能力可以帮助孩子抑制干扰

有时候，孩子需要抑制来自内部的干扰。比如，“这个字我好像学过……等一下，它只是像我过去学过的一个字，仔细看看并不一样。”这就是抑制来自内部的干扰，排除旧有信息的干扰。

有时候，孩子需要抑制来自外部的干扰。当孩子看书或者做作业的时候，屋子外面有点什么动静，他可以抑制自己想转移注意力的冲动。这就是抑制来自外部的干扰，即自己控制注意力的方向。

和学龄前儿童相比，小学生的前额叶发展得更好了。让学龄前儿童和小学生完成同一个任务，而这个任务需要抑制不合适的行为，通过脑电波测量你会发现，抑制能力会随着年龄稳步增长。

小学生注意力的发展特点

小学生注意力的发展和工作记忆的容量有关。如果工作记忆有更大的容量来处理信息，那么注意力也会更好。同时，小学生的注意力会变得更具有选择性、灵活性和目的性，这些在青少年时期还会持续进步。

小学生的注意力更具有选择性。他们能够有选择地注意和任务有关的线索，而忽视和任务无关的线索。也就是说，他们可以把注意力集中在任务的中心。

有这样一个实验，实验者给孩子们一些卡片，卡片上是不同颜色的各种形状。实验者让孩子们根据要求为卡片归类。当实验者让孩子以颜色或者形状归类时，一年级的孩子可以很容易地按照要求做到，也就是说，他们可以把注意力集中在任务上，而不受无关因素的干扰。但是 5 岁以下的孩子完成这些任务的结果就远远不如这些大孩子。当实验者要求他们按颜色归类时，他们有时候会受到形状的干扰，会按照形状去归类。而一年级的孩子则可以根据实验者的要求，这一刻按照颜色分类，下一刻按照形状分类，他们的注意力可以自如切换，这说明他们的注意力灵活性提高了。

与此同时，小学生的注意力也会变得越来越有目的性。比如，在学习新单词时，10 岁的小学生已经开始学会使用一些学习策略，把注意力集中在那些自己不认识或者容易混淆的新词上。他们知道自己的目标是认识新单词，并可以通过调整自己的注意力来为这个目标服务。这就是注意力的目的性。而一年级的孩子则会比较均匀地分配自己的注意力，这说明他们的注意力目的性不强，无论是认识的单词，还是不认识的单词，都会集中注意力去学一遍，导致学习效率不高。

当孩子进入二年级，已经逐渐熟悉小学生活后，父母可以经常有意识地为孩子指点一下学习策略。比如，当孩子学习生字的时候，明确告诉孩子："这个字和那个字很容易混淆。"孩子可能就会分配注意力到发音和偏旁上，"哦，这两个字发音一样，偏旁不一样。"或者告诉孩子："第一遍学会了的字，第二遍就不用看了，第二遍学会了的字，第三遍就不用看了。第三遍还没记住的字，要想想为什么，是否可以用别的方式来学习。"比如，让孩子写一遍，或者妈妈写一遍让孩子检查，等等。父母通过这些提示，可以帮助孩子更有效地分配注意力，并有意识地发展出适合自己的学习策略。所以，父母陪孩子做作业可不是当监工，而应该潜移默化地教孩子一些学习策略。

跟学龄前儿童相比，一二年级的小学生前额叶进一步发育，这极大地促进了他们注意力的发展。而且，小学生开始学会有意识地运用一些注意策略和学习策略来帮助自己学习。不过，他们要想通过自我控制来灵活运用这些策略，还需要花很长一段时间。父母可以通过提醒，帮助孩子反复练习，从而达到主动运用。

当孩子到了小学三四年级或者四五年级时，他们开始能够较好地调整自己注意力的方向，并有意识地排除干扰和运用策略，表现也会越来越好。

所以，我们不需要刻意“训练”孩子的注意力，只要在生活或学习中保持观察和陪伴，并在必要的时候指点一下，等孩子到了四五年级时，自然会看到一个质的进步。

认知自我调整能力

认知自我调整能力（cognitive self-regulation），是指孩子能够自主设置学习目标，并运用适当的策略集中注意力实现目标的能力。然后，孩子根据目标的完成情况回顾整个过程，反思自己的策略。尤其是在目标没有完成时，能够及时调整策略。认知自我调整能力与孩子的元认知发展以及他们的学习是息息相关的。

所谓元认知，是指孩子理解大脑的活动，开始思考“我是怎么思考的”。比如，小学生开始理解，大脑是一个非常积极的、能够构建信息的媒介，它会选择信息，也会转换信息。因此，小学生可以更好地理解认知的过程，以及一些心理因素可能会对学习成绩产生什么样的影响。这也是一种知己知彼。

在小学阶段，孩子对大脑的活动理解更丰富了，这些进步势必反映在他们思考和解决问题上。比如，小学生知道，如果想要很好地完成一项任务，比如记得住、考得好等等，就需要集中注意力。有了这样的动机，孩子往往能够付出额外的努力来不断提醒自己集中注意力。

小学生会逐渐明白什么样的学习策略是有用的，为什么有用。他们也开始理解记忆和理解的相互关系。比如，记住的信息越多，就越能帮助自己理解；越理解，也就越能帮助自己记忆。所以，死记硬背往往是低效的。因此，父母可以帮助他们理解信息，而不是一味地要求他们去记住。父母还可以教给孩子一些记忆策略。比如，让孩子尝试不同的记忆策略——重复朗读出来，或者重新组织信息，然后自己复述，或者盯着要记忆的信息看，或者写下来，然后比较哪些策略比较有效，为什么有效。通过这样的分析，孩子可以逐渐找到适合自己的策略，这将有助于他们集中注意力。如果父母经常这么做，就是在帮助孩子发展认知自我调整能力。

大宝小学四年级的时候，在可汗学院自学解一元一次方程。他会主动在可汗学院找这个主题的题目做，如果不会做，就去看可汗老师讲课的录像，看完录像然后继续做题。有一天，他跟我说："妈妈，这个主题我有时候会做错，还得再找些题目来做。"过了一两个星期，他突然喜滋滋地跟我说："妈妈，这个主题我现在基本不会做错了，我觉得我过关了。"

从这件事可以看出，大宝已经开始关注自己的目标，并可以随时回顾整个过程，这说明他在认知自我调整能力方面有了明显的进步。

研究发现，如果父母能够耐心为孩子指出任务的重要性，并提出一些方法上的建议，那么孩子也会经常跟父母讨论解决问题的方法，并由此调整自己的行为。

到了青少年时期，认知自我调整能力是孩子学业成功的一个强有力的影响因子。认知自我调整能力从儿童期到青少年期会持续发展，父母需要尽量帮助孩子发展，但不要着急。

注意力和动机

父母常常抱怨孩子注意力不集中，比如，做作业的时候东摸西摸、喜欢发呆、磨磨蹭蹭等等。其实，这只是孩子的表面行为，并不一定意味着注意力不好。也就是说，孩子并不一定是注意力有问题才无法集中注意力，或许他们只是缺乏动机去集中注意力。

为什么这么说呢？因为如果孩子无法集中注意力，那他应该在很多事情上都无法集中注意力。但是，父母往往会发现，孩子在做作业的时候无法集中注意力，但在做其他事情的时候，比如搭乐高，却可以连续保持两个小时注意力。为什么会这样呢？因为孩子在搭乐高的时候更有动机，正是这种动机促使他集中注意力。

什么是动机

心理学对动机的定义是，人为了满足自己生理或者心理上的需要，会有针对性地进行一系列行动，这个需要就叫动机。动机通常分为两大类——外部动机和内部动机。

外部动机指的是，一个人做出一个行为，因为这个行为会得到一个和这个人本身分离的结果。比如，孩子如果考试考得好，就可以得到金钱或物质奖励。

内部动机指的是，一个人做出一个行为，因为这个行为本身是有趣的、有挑战的，或者令人满意的。比如，孩子喜欢去踢球，是因为踢球这件事本身让人感到愉悦，而不是为了奖金。

有人说，外部动机不好，内部动机好。其实不一定。而且在现实生活中，我们也不可能在每一件事情上都能清清楚楚地区分外部动机和内部动机。因为有时候一个人做一件事情，可能同时具备两种动机。

动机是一件很复杂的事情，外部动机和内部动机的分类方法，也只是动机研究诸多理论中的一种。关于动机，还有很多不同角度的研究。有的理论把动机分为原动机和习得动机。比如，一个人饿了想吃东西，这样的动机就是原动机。而一个人本来不饿，朋友叫他一起去吃饭他也吃了，那是因为有社交需要，这种通过经验习得的动机，叫习得动机。

还有一些心理学家专门研究人类心理上的需要动机。比如，美国社会心理学家、激励理论的巨匠戴维·麦克利兰（David C. McClelland）指出，满足人的心理需要有三个方面：对成就的需要，对权力的需要，对关系的需要。他认为，很多人因为对这三方面需要的不同，所以做事的动机也不同。

注意力和动机密不可分

很多关于注意力的研究表明，注意力和动机密不可分。比如，波士顿注意力和学习实验室的认知脑神经学家埃斯特曼（Esterman）和德古提斯（DeGutis）为了测出人们持续保持注意的能力，设计了一个特别有意思的实验。

他们邀请大学生在电脑上看很多图片，并告诉他们只要看到城市的图片，就按一下按钮。然后，电脑开始一张张地匀速播放这些图片，里面不时地出现城市的图片。如果大学生不持续注意，就会按错按钮。研究者认为，大学生按错得越多，表明他持续保持注意的能力不够好。后来有一天，他们决定稍微改动一下这个实验。他们跟大学生说："你的表现越好，实验就会越快结束，这样你就可以早一点离开。"结果显示，这些学生持续保持注意的能力提高了 50% 以上。

显然，早一点离开这个动机，让这些大学生在持续保持注意这件事上做得更好了。研究者还发现，在后来的实验中，大学生不仅持续保持注意的能力变好了，大脑的活动也改变了。当大学生有强烈动机的时候，大脑中和持续保持注意有关的回路在整个实验过程中都很活跃；而当大学生缺乏动机的时候，这个回路在实验过程中有时候亮，有时候不亮。

这个实验很有意义。如果实验者只是测量持续保持注意的能力，而没有把动机这个因素分离出来，那么当人们没有注意的时候，就不知道他们到底是持续保持注意的能力不好，还是只是缺乏动机去做到持续保持注意。

适当的自主权有利于激发学习动机

前面我说过，大宝通过自主设置学习目标，检验学习成果，逐步发展了认知自我调整能力。这是因为我给了他很多学习的自主权，大宝完全可以根据自己的兴趣，自主决定要学哪个主题，并在学有余力的时候尽情探索，这其实可以帮助他更好地集中注意力。

罗切斯特大学的德西（Deci）教授是自我决定论的提出者。他曾说过："自主，就是孩子在做事情的时候有自我意志和自主选择。"很多教学研究指出，老师给学生自主权，会激发学生的动机，他们从而不畏挑战，全神贯注。

我们不妨反思一下，目前无论是在学校还是在家庭，孩子对于自己要做的事情，又有多少自主权呢？有些妈妈总是说，孩子做作业注意力不集中。不知大家有没有想过：到底是孩子的注意力有问题，还是作业太多、太枯燥，导致孩子不感兴趣呢？孩子平时大多为了考试而学习，兴趣班也不是他们真正的兴趣所在，这些都会破坏孩子的自主性，伤害孩子的学习动机，从而破坏他们的注意力。

埃斯特曼给父母提了一个建议：父母在为孩子安排的时间表中，要给他们留一点自主时间，让他们自己决定做什么事情。这对孩子的注意力反而是有好处的。

考虑到动机的多样性，父母可以用各种各样的动机去鼓励孩子做事。比如，孩子不喜欢某个兴趣班，但是如果有好朋友一起参加，他可能就愿意去了，这是出于关系的需要。他多去几次，也许会越做越好，从中体会到真正的乐趣了，那么孩子参加兴趣班的动机，可能就会变成出于成就的需要。总之，只要孩子有了动机，他的注意力就会更好。

注意力的培养：倾听

那么，父母应该怎么帮助孩子发展注意力呢？接下来，我会为大家介绍一些具体的办法。

培养注意力的前提条件：安全感

从进化的角度来说，大脑需要首先保障人的生存。如果孩子所处的环境不够安全，或者基本的生存都无法保障，那么他的大脑就需要花很多能量去担心：谁能保障我的安全？谁能保障我吃饱穿暖？在这种状况下，孩子的大脑就没有能量再去学习，去关注那些新鲜、有趣的事物。所以我们前面一直强调，父母要和孩子建立安全依恋，保证孩子的状态是放松的、好奇的。我们要经常问问自己：我是怎样的父母？我们的家庭气氛如何？亲子关系如何？这是培养孩子注意力的一个大前提。

注意力和倾听能力密切相关

很多父母发现，孩子上学之后不遵守老师的指令，甚至对老师的话听而不闻。比如，老师说："小朋友们，现在放下手中的画笔和胶棒，去门口排队，我们要出去户外活动了！"有的孩子听到后，能够马上理解并执行，有的孩子却"听而不闻"。有些人认为，这是孩子不遵守纪律，或者有行为问题，或者和老师作对。这些不是没有可能，不过也有一种原因是，这些孩子不是主观上故意不听，而是缺乏倾听能力，他们对听觉信息不敏感，根本无法注意听别人讲话。

父母开始着急了：那我应该怎么办呢？

其实倾听就是一种具体而有效的途径。父母可以通过和孩子互相倾听，来帮助孩子发展注意力。孩子要想做到专心听老师说话，大脑是需要花能量的。首先，大脑要能够持续处理信息；其次，大脑还要发展出一定的抑制能力，来排除其他干扰。如果孩子在学龄前很少得到这样的练习机会，上学以后就可能没有办法一下子习惯。

在一个同龄人的集体里面，老师发出一个指令，有的孩子能专心听，而有的孩子可能老师说三遍，他还是听不懂，记不住。一些比较有经验的老师，会为这样的孩子提供帮助。比如在讲话的时候，要求孩子跟自己眼神对视，然后发出指令。如果孩子没听懂，就再重复。如果还不明白，老师会牵着孩子的手一起去完成指令。孩子被老师这样带着反复做几遍之后，就会开始对指令有反应了。

倾听习惯需要从家庭开始培养

其实，孩子刚出生，父母在和他讲话的时候，不知不觉就开始培养孩子的倾听能力、注意力、大脑加工和记忆能力了。父母要经常和孩子说话，注意放慢语速，并和孩子对视，这样他们更容易注意并理解父母的话。

当我们给婴幼儿介绍一样东西的时候，我们常常指着这样东西说出它的名称。孩子听到我们的发音，并且顺着我们的手指把注意力转移到这样东西上，然后把声音和东西联系起来。这些听觉和视觉信息进入大脑，在工作记忆里进行加工、整合、理解，最后输送到长期记忆里。

所以，父母要经常耐心地和婴幼儿交流、游戏，倾听他说话，哪怕在他还不太会说话的时候，也要给予适当的回应。因为孩子注意倾听，跟他被别人倾听和理解，这两件事是相辅相成的。他们会慢慢明白，对话就是轮流——你说一句话，我听到了，理解了，并做出回应；我说一句话，你听到了，听懂了，该你做出回应了。这就好像打网球，是一个一来一往的过程。这种亲子间的互动，不仅可以发展孩子的注意力，还可以发展孩子的语言能力、人际交往能力等等。所以说，一个孩子的发展，是各个方面相互交织、共同发展的过程。

如果孩子从小在家养成了良好的倾听习惯，等他上了幼儿园，就同样能够注意听老师的话。也就是说，他能够把自己的注意力转移到老师的话上，主动在工作记忆里加工听觉信息，并有效地理解和利用听觉信息去行动。

孩子的表达，不一定都是通过说话，也可能靠眼神、面部表情或其他身体语言。如果父母没有耐心，经常不注意听孩子讲话，也不给孩子恰当的回应，那他们的倾听能力、交流能力、注意力从哪里来呢？

我家小宝小时候，有一次生病需要吃抗生素。吃晚饭的时候，小宝跟爸爸说："我告诉你一件重要的事情。"爸爸说："好吧，你说。"小宝说："我肚子疼是因为……是因为……"他说了好几遍（我估计他正在脑子里组织语言）。爸爸不耐烦地说："好了，别说了，快吃饭。"我赶紧按住爸爸的手臂说："你听他讲完。"小宝终于说出来了："医生今天告诉我，我肚子疼是因为药在杀死坏细菌的时候，把好细菌也杀死了。"爸爸也终于明白了我的意思，说："是吧？哎呀，爸爸都不知道呢，谢谢你告诉我。"

生活里有很多这种不经意间的事情，不知道父母有没有给予孩子恰当的回应呢？

语言的发展对注意力的帮助非常大

很多人可能都观察到过这样一个现象，学龄前的小孩子在做事情的时候，常常会自言自语。比如，我在教大宝系鞋带的时候说："拉起左边的鞋带，再拉起右边的鞋带，把左边的鞋带穿过去、拉直……”大宝就会一边学一边自言自语：“现在拉起左边的鞋带，再拉起右边的鞋带……”

有时候，孩子在玩耍的时候也会自言自语。比如，孩子在搭积木的时候可能会说：“现在我需要一个方形积木来做窗户。”

我收到过很多妈妈的来信，里面提到自己的孩子有这种自言自语的现象，担心孩子精神有问题。其实，儿童的这种自言自语，是他们发展过程中出现的一种正常的阶段性现象。小孩子的大脑执行功能非常不成熟，他怎么掌控自己的行为，指挥自己的动作，调遣自己的注意力呢？他通过这样的自言自语，利用这种听得到的语言来指挥自己的动作，让自己的注意力能够集中在这件事情上。

维果茨基认为，自言自语能够促进孩子的认知发展。他发现，儿童喜欢用自言自语来调节和指导自己的行为。后来，有学者对这个现象进行了深入研究，证实了维果茨基的理论。

有一个实验发现，自言自语和孩子需要完成的任务的难度有关。当孩子遇到特别简单的任务时，他很少自言自语。当孩子遇到特别困难的任务时，因为任务太难无从做起，他也很少自言自语。而当他遇到挑战性的任务时，自言自语的现象就明显增多了。当孩子自言自语的时候，他的注意力会更持久，并能更长时间地尝试解决问题。孩子正是通过这样的方式来大声思考，让自己专注于一件事情。因此，我们在给孩子安排任务的时候，记得要给孩子合适的、带一点挑战性的任务。任务既不能太简单，也不能超出孩子的能力范围，因为这两者都不能让孩子集中注意力。也就是说，我们要在孩子的最近发展区培养孩子的注意力。

随着年龄的增长和能力的发展，孩子到了小学高年级，这种自言自语会慢慢变成他们大脑内部的语言。孩子不再需要这么大声地“思考”，而是可以在大脑内部思考了。这说明，孩子对注意力的控制越来越好了。

如何帮助孩子培养持续的注意力

父母如果想要培养孩子的注意力，可以注意以下几点。

首先，当孩子自言自语的时候，我们要注意去倾听和观察。孩子的自言自语往往会告诉我们，他们是怎么想的，他们喜欢什么，等等，从而了解孩子的思维过程。这样，我们就能基于孩子的现有水平，找到他的最近发展区，并为孩子提供相应的支持。如果我们提供的支持刚好是适合孩子的，就更容易吸引孩子的注意力了。这是帮助孩子对一件事情产生持续注意力的一个办法。

其次，父母要乐于配合孩子。当我们和孩子游戏的时候，不要总想着让孩子听父母的，也要多听听孩子是怎么说的。如果孩子想要更改某些游戏规则，或者换成别的游戏主题，父母不要制止他们，而要鼓励他们表达出来。当孩子感受到被尊重和被倾听，他们的积极性会更高，也更容易保持持续的注意力。

注意力的培养： 多种方式

培养孩子注意力的方式还有很多种，下面我再介绍三种。

第一种方式：假装游戏

假装游戏不仅有助于发展孩子的注意力，还可以帮助孩子增强自控力。如果我们让孩子安安静静地坐着或者站着，他会觉得很无聊。可是如果我们陪孩子一起玩假装游戏，他的状态立刻就不一样了。

如果老师说，我们来玩木头人的游戏，看谁坚持的时间最久。这时孩子往往能克制住自己，甚至还能坚持不眨眼睛呢！因为孩子认为这是游戏，而且有想赢的动机，它对孩子注意力的发展是有帮助的。假装游戏可以锻炼孩子的抑制能力，而注意力需要一定的抑制能力去排除无关干扰。

很多情况下，比如孩子做作业无法集中注意力时，我们都可以利用假装游戏来培养孩子的注意力。具体怎么做呢？

首先，评估作业量，教孩子分阶段完成。一二年级的孩子，让他一坐就一两个小时，那真的是要求过高了。这不是因为孩子的注意力差，而是因为孩子没有兴趣和动机去完成作业。如果父母再不停地催促和逼迫孩子，他就更没有办法专心了。因此，建议父母事先可以预估一下时间，把孩子做作业的时间分成几个小段，完成一项就可以玩一会儿。或者用孩子最喜爱的毛绒玩具为他编个故事，比如，小熊需要积分过关，孩子每完成一项，就给几分，最终让小熊过关。为什么过关？过什么关？这个故事可以由妈妈根据孩子的喜好，和孩子一起编，鼓励孩子一步步地完成作业。

其次，让作业变得更有意思。小宝小时候练习写自己的名字时，老师会要求他用不同颜色的笔来写一个彩虹名字。这样他就愿意多写几遍。父母可以尽量找一些办法，让作业变得不那么枯燥。

第二种方式：运动

很多父母生怕孩子浪费时间，要求孩子一放学就回家做作业，做完了才能玩。然而很多研究证实，运动有助于注意力的发展，从而可以让孩子的学习更有效。因此，孩子做完一部分作业后，可以让他运动一会儿，这样反而能让孩子在做接下来的作业时更专注、更高效，最终完成的质量也更高。

小宝上一年级的时候，我在他的班级做义工。我发现，小宝的老师会在两节课之间的10分钟播放音乐，于是孩子们听着音乐开始跳操。老师并不要求孩子们的动作整齐划一，就是让大家跳一跳，活动一下胳膊腿。孩子们都很喜欢这段过渡时间，这对他们在下一节课集中注意力也很有帮助。

第三种方式：心智工具方案

很多父母都很关心幼小衔接，问我怎样帮助小学低年级的孩子集中注意力。下面，我为大家介绍一下现在美国很多幼儿园都在使用的心智工具方案，这个方案是根据维果茨基的理论发展出来的，对提高孩子的注意力有很大帮助。

什么是心智工具方案呢？其实就是成人利用一些小暗号、小提示，来帮助孩子集中注意力，排除干扰。曾经有一项研究，专门针对心智工具方案做了对比实验。

专家在幼儿园随机抽两个班。其中一个班级，老师用不同的方法帮助孩子控制自己的行为，提高他们的注意力。而另一个班级，老师没有使用这些方法。一个学期以后，得到帮助的孩子在完成需要注意力的任务时表现更好。到了正式进入小学，他们表现出来的适应性、行为和学业成绩也更好。

父母在家里也可以使用心智工具方案来帮助孩子。比如，孩子有时候在别人讲话时，不容易集中注意力。父母这时就可以看着孩子的眼睛，清楚地说出要求："现在我有几句重要的话要讲，请你用你的小手抓住你的小耳朵，仔细倾听。我说完了，你要重复一遍。”只要我们在家经常使用这个办法，孩子就会养成习惯，以后在别人讲重要事情的时候也会好好倾听。这就锻炼了孩子的倾听能力。

父母还需要对孩子有同理心，理解小孩子和成人不一样，不能对他们要求过高，而应该想出不同的办法来帮助他们。

我们还可以利用一些小道具来帮助孩子集中注意力。比如，当妈妈和孩子共读一本书的时候，孩子读一段，妈妈读一段，孩子读的时候，妈妈要认真听；妈妈读的时候，孩子也要认真听。如果发现孩子不认真听，妈妈可以用一张画着小耳朵的图片，提示孩子认真听。不过，父母在使用这个办法之前，一定要和孩子讲明为什么要用这个办法。

当然，父母还可以想出其他活动或小道具。比如，一家人在一起讲述或者回忆一件事情的时候，提前规定：只有拿到小道具的人才能讲话，不然就只能倾听，不能讲话。孩子要是忍不住讲话了怎么办呢？这当然很正常了。父母需要事先跟孩子约定一个手势，比如把食指放在嘴唇上，只要这么一做，他就知道了：“哦，现在没轮到我。”另外，父母也可以偶尔故意犯个错，让孩子用这个手势来提醒父母。

这些办法都可以锻炼孩子对自己行为的意识、调整和控制。当孩子玩得越来越好时，说明他的注意力也越来越好了。

总之，当父母其实是一份需要想象力和创意的工作。如果你能够做个有心人，在日常生活中把握一些机会来帮助孩子，日积月累，孩子一定会受益无穷。

本章小结

本章介绍了注意力从孩子婴幼儿时期到小学时期的发展，希望父母了解这个过程，做到从容对待。

注意力和大脑如何处理信息，以及工作记忆息息相关。父母可以根据孩子的发育现状来调整自己的行为言语，帮助孩子发展注意力的同时，也让孩子学习一些有用的策略。

注意力也和动机有关，父母要适当给予孩子一些自主权，激发他们集中注意力的动机。

本章还包含了很多实用的建议，比如和孩子互相倾听，重视语言在孩子注意力发展中的作用，用一些小道具、小办法提醒孩子集中注意力，等等。

给孩子提供脚手架式的帮助。

——维果司机茨基

第十章

从自知到自控：自我调整能力

很多父母希望自己的孩子具有强大的自控力。但是，自控力究竟是什么意思呢？是不是就是“控制自己的欲望和行为”呢？其实并没有这么简单。在这里，我想用自我调整能力（self-regulation）来代替自控力的说法，因为自控力会让人误以为就是控制自己，而自我调整能力有根据情况来灵活调节自己的意思。自我调整能力自然离不开“自我”，它跟自我概念、自主、自我评价以及自我价值等都有关系。

本章的目的是希望父母理解孩子的自主权在自我调整能力发展中的重要作用，并且理解孩子对自我和他人关系的认识也能促进他们自我调整能力的发展。当然，我们还给父母提供了很多具体途径和方法。

孩子有了自主权，才会发展出自我调整能力

孩子从学步儿期开始，就需要发展自己的自主感、胜任感，他会愿意自己做一些事情，想要对自己的行为负责。美国著名心理学家爱利克·埃里克森（Erik H. Erikson）提出的人格发展理论认为，学步儿期的儿童需要发展自主感，如果没有发展好，孩子就会否定自我价值，从而产生羞愧感，并怀疑自己的能力。

孩子虽然尚未发展成熟，但也有自己的自主意愿。所以，父母一方面要提醒和帮助孩子，另一方面要尊重他的自主权。我们要在孩子的能力范围内，给他机会去自己做一些事情和决定。只有孩子有了自主权，才会逐渐发展出自我调整能力。

培养孩子的自我调整能力，并不是让孩子控制欲望那么

简单。假设你有什么不良习惯，别人一句你要控制自己，你真的能立刻控制自己吗？恐怕很难。否则为什么很多人想要戒烟或减肥都没有成功呢？

明确、具体的沟通有利于培养孩子的自我调整能力

在日常生活中，父母经常试图控制孩子的行为。然而，如果我们不给孩子一定的自主权，孩子就很有可能阳奉阴违。

我有个朋友告诉孩子，糖吃多了牙齿容易坏掉，并规定每天最多只能吃两块。结果万圣节那天，孩子出去要到了很多糖。过了两天，她给我打电话说："今天真是气死我了，我在闺女的枕头底下发现了好几块巧克力，原来她躲在自己的房间里偷吃。"

那应该怎么做呢？我们要跟孩子多沟通，告诉他们明确、具体的原因。

朋友说："可我都已经告诉她啦，糖吃多了牙齿容易坏掉。"然而在很多情况下，仅凭这一条理由还远远不够。父母只有讲得很具体、很直观，孩子才能真正理解。

大宝和小宝从幼儿园开始就接受健康饮食、均衡营养的教育。怎样让幼儿园的小朋友理解呢？老师采用了很直观的办法——挂图，即使是幼儿园的孩子也能够完全理解。

挂图上是一个食物金字塔（见图6），金字塔的底部是谷物及谷物制品，上面是蔬菜、水果类，再上面是禽蛋类、肉类、鱼类、豆制品和乳制品，最顶部是油脂、盐和糖。

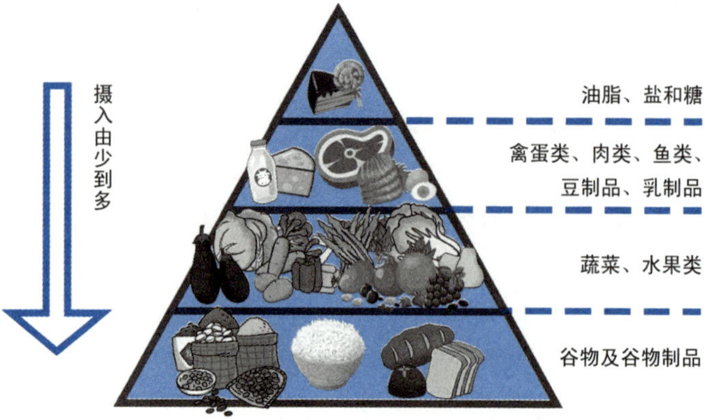

图6　食物金字塔

在家里，我们也会经常配合老师，给孩子讲一讲各种食物的营养成分告诉孩子，我们的身体需要均衡的营养，金字塔最顶端的食物含高糖高脂肪，应该少吃。现在，很多食品的包装上都有营养成分表。大宝和小宝在5~6岁的时候，特别喜欢看营养成分表，这也是一种学习途径。

这个办法对孩子很有用。几年下来，大宝和小宝逐渐接受了健康饮食的理念，能够自觉做到不吃垃圾零食。这是他们主动选择的结果，也体现了孩子的自我调整能力。

自我调整能力需要长期发展

为什么我们希望孩子有自我调整能力呢？因为自我调整能力的发展需要一定的过程，开始时父母可以提醒孩子，但我们不可能随时随地跟在他们身边。因此，我们的最终目标是孩子可以自己管理自己，并做出明智的选择。

我再讲个我家的故事。

大宝上二年级的时候，我发现他午餐账号里的钱用得比小宝快。他们两个人在同一个学校吃饭，饭菜自然也是一样的价格。这是怎么回事呢？我就问大宝。他说："哦，我每天都会买一包薯片。"原来薯片是另外花钱买的，所以他的钱用得快。我很认真地跟他复习了一遍食物金字塔，他也承认薯片确实不健康。我很诚恳地说："薯片偶尔吃一吃不要紧，妈妈偶尔也会吃一点，不过每天都吃的话就有点过分了。"大宝说："好，我会少吃一点。"我们的谈话就到这里，大宝平时在学校我也管不到，因此能否做到完全取决于他自己。一个月之后，我问他："最近怎么样？有没有天天吃薯片？"他说："没有，大概一星期才吃一次。"我看了看他午餐账号里的钱，确实如此。

从行为上看，大宝已经有了一定的自我调整能力，但这绝不是几天时间就能练出来的。大宝从幼儿园开始，接受了好几年健康饮食的教育，能够理解和接受这个理念。但是面对诱惑，有时候连大人也控制不住。所以，我并没有严厉禁止他一点都不能吃。有时候，父母越是严厉禁止，孩子越容易产生对抗心理。而且就算我们在家里严厉禁止了，孩子如果出去吃，我们还是管不到。所以我的办法是将心比心，表示理解，并给出合理的建议。这样孩子才会愿意认真考虑我的建议，并做出正确的决定。大宝通过权衡利弊，自主选择，能够适当克制想吃垃圾食品的冲动，体现了一定的自我调整能力。

当然，大宝当时已经二年级了，随着大脑的发育，他的前额叶也在飞速发展，抑制能力有了很大的进步，这也促进了他自我调整能力的进步。

重视孩子的主体性，有助于提高自我调整能力

大宝和小宝上幼儿园的时候，两个班的老师管理课堂纪律使用的办法不同，带来了不同的结果。

大宝班的老师使用黄牌和红牌。如果孩子不听从指令，她会提醒两次，再不听的话就发一张黄牌。这个黄牌要带回家让父母签字，表明父母知道这件事，并且会配合学校教育孩子。

有一次，我去学校做义工，在门口等的时候就听到这位老师在里面说："××，你要是再不听话，我就要给你发一张黄牌了。"

大宝的老师是一个新手，明显经验不足，没有发挥孩子的主体性，而是通过外部强制的方法来机械地管理班级纪律。

小宝班的老师则采用移动小夹子的办法（见图7）。小夹子上有号码，代表每个孩子。一进教室，大家都在绿色区域，表明"我已经准备好了，今天要认真学习。"如果表现好，老师就会把小夹子往上移动，上面写着鼓励的话；如果表现不好，老师就会把小夹子往下移动，上面写着警告的话。不过，

移到下面并不代表孩子这一天的表现都不好，孩子如果后面表现好，小夹子可以重新移回上面。

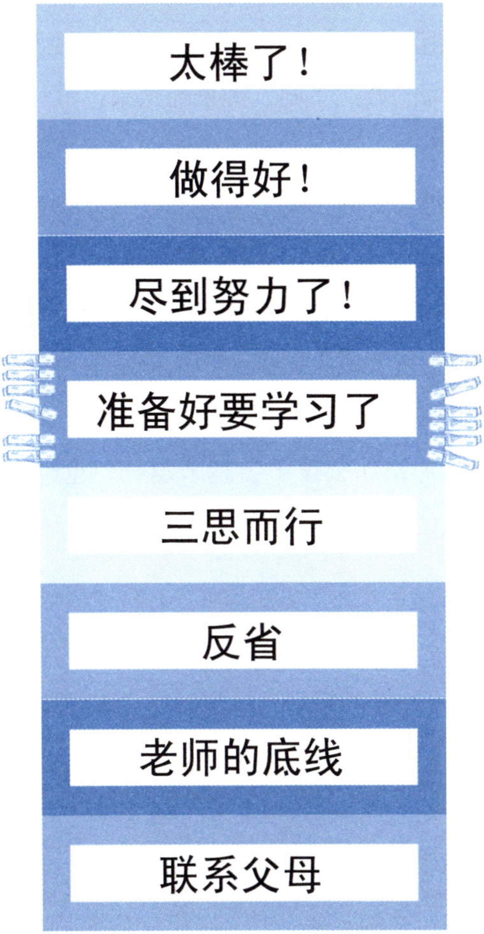

图 7 用移动小夹子的方法来激励孩子

我认为，移动小夹子的办法要比发黄牌和红牌好。这么小的孩子需要激励，大人越激励，他们的表现就会越好。而老师的警告语言，应该重在让孩子对自己的行为进行思考并自主选择。如果孩子一犯错就发黄牌警告，孩子的感觉会越来越不好，对自己的评价也可能变成“我是表现不好的孩子”。

这两位老师的做法不同，带来的结果也不一样。小宝班里的纪律一向不错，而大宝班里的纪律则越来越差，吃黄牌的孩子也越来越多。到了第二年春天，大宝的老师已经有点掌控不住了。有个朋友打电话告诉我，说她女儿天天拿黄牌，急得不行。后来有些父母跟学校反映，情况才逐渐好转。

小孩子确实需要成人的提醒，关键是采用什么方式。如果成人能够采用温和、鼓励的方式，尊重孩子的自主权，激发他们自主思考，那么孩子会越来越好，也越来越能管理自己。

做孩子的脚手架

每当我讲到给孩子一定的自主权，很多父母就开始纠结。比如，有个妈妈就非常不理解为什么要给孩子自主权，她说：“我女儿 6 岁，我信任她，给她自主权，让她自己检查作业。结果她干脆不做作业，还撒谎说作业都做完了。”这位妈妈很生气，她认为根本就不应该给孩子自主权，反而应该死死管着。

很多父母像这个妈妈一样，以为给孩子自主权就是全面放手，结果却掉坑里了。在什么都不了解、什么都没做的情况下就全面放手，肯定是行不通的。我们应该怎样做呢？

放手并不等于放任自流

父母在给孩子自主权之前，首先要了解孩子的能力和执行情况，然后提供脚手架式的帮助。

就拿做作业这件事为例。6 岁的孩子才刚刚开始上学，妈妈在放手之前，要通过陪孩子做作业这个过程，了解孩子的作业种类、作业量以及孩子的能力。孩子可能遇到哪些困难？怎么给他们具体的帮助？这些事情，父母要做到心中有数。有时候孩子做作业磨蹭，或者干脆不做，可能并不是因为他们贪玩，而是因为他们真的有困难，这时父母如果能给孩子及时的帮助，结果就不同了。

给孩子提供帮助并不是空洞的说教，而是父母要像脚手架一样，在孩子需要的时候给他具体的帮助，在孩子不需要的时候就逐渐撤退，让他靠自己的能力完成。

帮助孩子的具体办法有很多。比如，怎么让孩子学会管理自己的作业？我会给孩子列表格。让孩子对着作业表，做完的打个钩。表格里有每科作业的上交日期，我也会常看这个表，提醒孩子哪个作业哪天要交。同样，学习用品也可以列个表格，孩子每天晚上对着表格把自己的书包整理好。父母采用这样的方式，可以帮助孩子慢慢养成好习惯。

因此，不是说父母今天决定给孩子自主权，孩子就马上开始自己管理作业，父母一点都不管了。放手并不等于放任自流，习惯也需要通过时间才能养成。父母要做好心理准备，一定要循序渐进。

找到放手和监督之间的平衡点

我一直提醒和帮助我家孩子，直到三四年级，才觉得基本上可以放手了。随着孩子的发展，父母要和孩子一起找到放手和监督之间的平衡点。而且这个平衡点是因人而异的。

大宝挺自觉，从三年级开始，他的作业就基本不需要我过问了。在美国，孩子的每一次作业都会计入总成绩，所以我只是偶尔看一下大宝的成绩，只要都挺好，就可以放心了。

小宝的自觉性要比大宝稍微差一点，因此我也会更上心一点。每个星期，我都会检查小宝的作业清单。如果某个作业快要交了，我会提前问他："这个作业做了吗？"或者某个项目快要到期了，我也会过问一下："你打算怎么做，想好了吗？"我会及时了解情况，做到心里有数。

在亲子关系上，要让孩子信任父母，父母也要了解孩子。父母要在给孩子脚手架式帮助的基础上信任孩子，并学会逐步放手。这是一个动态的过程。父母一点点放手，体现了我们对孩子的信任，而孩子感受到了这种信任，也会更愿意管理自己的事情，并在做到的情况下产生更大的成就感和自豪感。孩子对自我能力的肯定，又可以迁移到对自我价值的肯定，从而增强自信和自尊。

养孩子就是这么一个整体的过程，只要进入了这样的良性循环，是不是会越来越轻松？

给孩子脚手架式的帮助

有些妈妈说："可我也不是没跟孩子商量啊，但他常常说话不算数。比如，去超市前他明明答应我不闹，结果还没买完东西就闹着要走。”妈妈很生气，觉得孩子没有自我调整能力。

父母要了解孩子当前的能力，并给他脚手架式的帮助。我们能指望一个三四岁的孩子牢记妈妈的要求，当妈妈在店里买菜的时候一点都不来打扰吗？这个不太现实。或许从孩子的眼光看，去超市买东西真的很无聊，跟他也没有什么关系，所以有时候难免会闹着要走。

我是怎么做的呢？我们在美国没帮手，经常不得不带着孩子去买菜。我一般会给孩子准备一点小零食，或者带个小玩具。大宝 4 岁的时候，已经认识一些单词了，我就带个购物单，把购物单交给他，让他指挥我，哪个东西到哪里去买，他很有兴趣，感觉像是在玩游戏一样。而且，大宝很喜欢数字，我就让他把标签上的数字念给我听。买完蔬菜水果，我会让他自己放到称上去称。有时候，我们俩各猜一个数字，然后再称，看谁猜的数字最接近。这样菜买了，游戏也玩了，识字啊、数学启蒙啊，也都完成了。

这是我根据我家孩子的兴趣和特点想出来的办法，父母也可以根据自己孩子的喜好想一些具体的办法来帮助孩子。

很多妈妈会跟孩子讲道理，约法三章。这和我的办法有什么不同呢？差别就在于出发点不同。

我的办法出发点是孩子——孩子的特点、孩子的需要、孩子的能力。我知道买菜对孩子来说很无聊，所以我会做些事情来帮助他度过这段时间，让他觉得没那么无聊。当我把视角转向儿童的时候，我就能想出很多办法，孩子的配合度也更好，体现出来的自我调整能力也更好。我之所以这样做，是希望帮助孩子了解在什么场合，做什么事情是合适的。

很多父母以为，只要不打不骂，跟孩子好好说话，就是好办法。我们要转变这种思维方式和视角，真正学会从孩子的角度出发去想办法。

我再跟大家举几个例子。

父母有时候带着孩子出门办事，结果遇到需要排队的情况，孩子很无聊，该怎么办呢？很多父母可能会为了省事，直接丢给孩子一个手机或者 iPad。但我尽量不使用这些电子产品，而是会带上孩子最喜欢的零食、玩具或贴纸，还会准备几个简单而安静的游戏，让孩子在等待的时间也不感觉枯燥。

如果我们带着孩子去餐馆吃饭，等上菜的时候可以做什么呢？美国的很多餐馆都会为孩子准备一些蜡笔、涂色纸，还有简单的手工纸，让孩子可以一边等待一边玩。如果国内的餐馆没有，父母可以自己准备一些。不要任由孩子在餐馆内打打闹闹、跑跑跳跳，这不是自由探索的地方，也不是释放天性的场所。为了孩子的安全，我们该约束就得约束。关键是不要强制约束，而是要想办法陪孩子度过这个时间。

所以，即使是小孩子，自我调整能力也不一定很差。如果父母可以看到孩子的需要，给他一点自主权，并做孩子的脚手架，孩子常常会带给我们很多惊喜。

信任可以帮助孩子发展自我调整能力

在培养孩子自我调整能力的过程中，很多父母常常忽略了信任的因素。比如，父母只想让孩子去控制自己的欲望，但却没有跟孩子建立起良好的亲子关系，孩子不能够信任父母，这样还怎么培养孩子的自我调整能力呢？

良好的亲子关系让双方彼此信任

父母要想培养孩子的自我调整能力，首先要和孩子建立起良好的亲子关系。只有有了良好的亲子关系，父母信任孩子，孩子也信任父母，才能帮助孩子发展自我调整能力。

讲一个我家的故事。

大宝三年级的时候，每周四晚上吃完饭后都有活动。有一天晚上，我没时间做晚饭，就在下班后顺路买了一些寿司回家。大宝很爱吃。接下来的那个周四，大宝放学一回家就问："今天吃寿司吧？"结果那天没有，他就很不开心。我说："哎呀，你早上没告诉我想要吃寿司，而且今天正好妈妈下班早，已经做好饭了，所以就不吃寿司了。"当时大宝一心想吃寿司，带着哭腔说："可我们上周四吃的就是寿司，我觉得周四就是寿司日啊！"我很诚恳地说："爸爸妈妈下班已经很累了，饭也做好了，不想再为了买寿司开车跑一趟。不如我们现在就规定，以后周四是我们家的寿司日，下周四晚上我们一定吃寿司，好吗？"大宝平静下来，接受了我的意见。

如果只看表面现象，有人可能认为这是因为大宝的自我调整能力好。然而我认为，能这么顺利地解决问题，真正起作用的是信任。因为我一直以来都说话算话，在孩子们那里建立起了信誉，所以大宝相信我——既然妈妈说了，以后每周四是寿司日，就一定会是寿司日。我们之间这种良好的互动模式，不是一朝一夕建立起来的，而是通过生活中的无数小事慢慢建立起来的。而且，我在大宝面前从不隐瞒自己的困难和感受，总是实话实说，妈妈也是普通人，也会累，这也给了孩子一个机会去学会体谅父母。孩子对父母的信任、理解、体贴，就是这么慢慢养成的。当孩子信任父母，发自内心地理解父母，自然愿意推迟得到此刻想得到的东西。

只有我们和孩子的沟通渠道畅通无阻，孩子可以自由表达自己的想法，父母也可以随时提出自己的意见，孩子才会信任父母。而只有孩子愿意信任父母，才能够自己说服自己，并发展出真正的自我调整能力。

信任可以影响孩子的决策

1960 年左右，美国心理学家米歇尔在斯坦福大学的幼儿园做了一个棉花糖实验。实验者给一群 4 岁的孩子每人发了一粒棉花糖，并告诉孩子：“你可以随时吃掉。但是如果你能坚持到我回来以后再吃，就会得到两粒棉花糖。”说完他就走了。结果有些孩子很快就把糖吃了，也有些孩子坚持等到实验者回来，并得到了许诺的两粒糖。之后，他们对这些孩子进行跟踪研究，一直到他们高中毕业。在比较了这些孩子的学业成绩和大学入学考试的成绩之后，实验者发现：那些在 4 岁时就能够为两粒糖而等待的孩子，成绩更好，自信心也更强。

由于媒体的传播以及种种育儿文章的解读，导致现在有很多父母也跟风采用类似的做法：故意诱惑孩子却又不满足，或者明明可以满足孩子也故意不满足，等等。比方说，给孩子一些零食，告诉他：“如果你今天不吃，明天可以得到更多。如果你今天都吃光，那明天也没有了。”或者带孩子去商店看玩具，当孩子真的想要某个玩具的时候，又跟他说：“咱们现在没钱，等下个月存够钱再来买。”父母认为，这样做能够让孩子在面对诱惑的时候学会克制自我，由此培养孩子的自我调整能力。

其实关于棉花糖实验，还有一件有趣的事情。实验者还发现，孩子是否决定马上把糖吃掉，跟他是否信任成人有很大的关系。如果他信任实验者，确定自己可以得到两粒糖，他就会控制自己，决定先不吃；如果他不信任实验者，担心这个人说话不算数，他就会选择先把糖吃掉再说。

可见在这个实验中，孩子是否愿意等待，真正起作用的是信任。孩子是否信任大人，直接影响着他们的决策，影响着他们是否愿意克制自己——我是现在吃还是等会儿吃？

所以，父母一定要跟孩子建立良好的亲子关系。有了良好的亲子关系，孩子自然会信任父母。而对父母的信任，也会促进孩子自我调整能力的发展。

有行为边界的孩子，自我调整能力也更好

孩子在成长的过程中，需要不断学习行为的边界。父母要让孩子知道，他们在什么场合，什么时候，可以做什么事情。这是小孩子需要具备的最基本的自我调整能力。

然而，很多父母打着尊重孩子天性的旗号，没有在日常生活中为孩子设立行为的边界，结果错过了培养孩子自我调整能力的机会。父母应该如何让孩子学会行为的边界呢？

给孩子提供一个包容、温和的环境

小孩子有时候分不清场合，喜欢在图书馆、博物馆或者其他公共场所大声嚷嚷。其实这种行为本来很正常，我很反感有些人动不动就称孩子为“熊孩子”，也希望整个大环境都能对小孩子的这些正常行为宽容一些。

这些行为虽然是正常的，但并不代表我们可以撒手不管。相反，这正是父母教孩子分清场合，学习恰当行为的机会。

有一次，我在图书馆看到一个妈妈带着三个孩子，两个大一点的孩子上小学了，而最小的那个孩子大概只有2岁多。在妈妈还书、借书的时候，2岁多的孩子一直在大声嚷嚷。我们社区的大环境对孩子还是挺宽容的，没有人指责这位妈妈或者孩子。这时，图书馆的工作人员看着孩子，微笑着说："妈妈刚才怎么说的啊？嘘……"这个孩子立刻就安静下来了，也把手指放在嘴上："嘘……"

在公共场所，特别是图书馆，这样的行为确实不合适。但是对2岁多的孩子来说，这种行为也很正常。关键是作为成人，我们应该怎么教？工作人员情绪稳定，眼里带着笑意，就这么提醒了一句。孩子没有遭到责骂，情绪也很稳定，就像玩游戏一样跟着模仿"嘘……"，事情就这么解决了。妈妈马上把书借出来，带着孩子们离开了，前后也就几分钟的时间。

如果当时的大环境对孩子的这种行为不友好，妈妈的压力就会很大。当孩子大声叫嚷的时候，妈妈就会很紧张。妈妈一焦虑，可能就想赶快制止孩子的这种行为。在这种心理状态下，妈妈很难想出轻松的办法。

如果妈妈或者工作人员用一种严肃或者不耐烦的方式告诉孩子："这里是图书馆，你应该保持安静！"即使话没有错，但传递给孩子的情绪却是有差别的。孩子直接感受到的是别人对他的情绪，而不是说出来的道理。当他感受到别人对他的负面情绪时，也会激起他的负面情绪，结果孩子很可能就发脾气了，这件事情解决起来也就没有那么轻松了。

其实这并不是孩子的问题，而是成人处理方式的问题。我们要尊重孩子的发展特点，理解孩子的行为，不焦虑、不急躁，也不要有敌对情绪，就像平常说话那样提醒孩子就好。

孩子长年累月生活在成人提供的环境里，一定会受到父母行为、态度的影响。有些父母抱怨自己的孩子不听话、脾气大，不妨反思一下自己对待孩子的态度，和孩子之间的互动模式。如果孩子经常感受到别人对他的负面情绪或者敌意，他的情绪自然不好。孩子的情绪不好，行为自然也不好。他要么选择防御性地去面对别人的负面情绪；要么选择用激烈的方式来表达自己，而这又会被父母误认为是不听话，脾气大。

因此，对孩子来说，一个包容、温和的环境非常重要。如果我们能在宽松的氛围中用平和的方式跟孩子沟通，孩子的整体情绪也就会比较稳定，对别人说的话也容易听得进去，也愿意去遵守一些规则，从而表现出一定的自我调整能力。

用具体的办法，帮助孩子学习行为的边界

在孩子小时候，父母需要用非常具体的办法来帮助孩子学习行为的边界。比如，父母常常教孩子在室内说话的时候，要小声一点，但是小孩子往往不理解我们要求的小声到底是什么意思，他们可能会觉得，“我已经挺小声了！”因此，父母虽然经常提醒孩子，却毫无作用。

我想再次强调一下，父母在跟孩子沟通的时候，一定要注意方式。首先，父母必须控制好情绪，不应该和孩子是对立的；其次，父母要用具体的、孩子能够理解的方式去讲。

电子琴上常常用数字来显示音量，我在跟孩子们玩电子琴的时候，经常和他们讨论 1 的音量是怎样的，2 的音量是怎样的。这样孩子们慢慢就对音量的大小有了概念。有一次，我带大宝去参观一个车展，他就像是老鼠掉进了米缸，激动地直嚷嚷。我跟大宝说："现在我们在室内，要用 2 的音量。"他马上就明白了。然后我们约定，要是他的声音太大，我就用两根手指冲他摇一摇。大宝当时才 4 岁多，我经常用我们约定的暗号来提醒他，结果很顺利。

小孩子一高兴就大声嚷嚷，这是很自然的冲动。但是在某些场合，孩子需要学会控制自己。父母如果能够经常利用生活中自然出现的这些机会提醒孩子，就可以锻炼孩子的抑制能力。他会渐渐明白，自己所在的地方不一样，对行为的要求也不一样，在公共场合或者其他不能大声说话的地方，要小声点。孩子有了这个意识，才有可能按照父母的要求去做。

我之所以提醒大宝，让他有意识地降低音量，其实就是在锻炼他的自我调整能力。然而很多父母没有意识到这一点，在该提醒孩子的时候却没有提醒。

让孩子理解行为的边界，就是在培养自我调整能力

我家孩子小时候在超市、游泳池等地方，有时候也会跑

来跑去。我会直接告诉他们："这些地方都不是操场，不可以随便乱跑。"我还会给他们解释这些行为的后果：在超市里乱跑，容易撞到别人的购物车；在游泳池边上乱跑，容易滑倒。经过反复提醒之后，孩子的这种行为就慢慢减少了，自我调整能力也得到了锻炼。

然而，很多父母打着尊重孩子天性的旗号，没有把遵守公共礼仪看成一件重要的事情。但是如果你问他们，想不想培养孩子的自我调整能力，肯定会有很多人说："当然想。"他们没有理解，让孩子在公共场合不打扰别人，其实也是在培养孩子的自我调整能力。

我有个朋友暑假带孩子回国。她说，在高铁上遇到几个一起度假的家庭，其中有好几个孩子特别闹腾，大人却一点儿都不管。她被吵得实在有点儿受不了，就让女儿拿出中文课本来读。这下，这些父母也坐不住了，纷纷让自家孩子坐下，拿出作业来做。

但凡和学习一沾边，这些父母怎么不尊重孩子的天性了？怎么不由着孩子闹了？怎么也肯管孩子了？从这里就能看出父母的观念。

让孩子理解行为的边界，就是在培养孩子的自我调整能力，这对孩子将来的学习和人际关系都有帮助。当然，生活中还有很多自然的场景，就看父母有没有意识去适当帮助孩子。

同理心对自我调整能力的重要作用

在日常生活中，孩子常常需要做出自己的选择，体现一定的自我调整能力。而同理心对于孩子的自我调整能力有着重要的作用。只要有了同理心，孩子就能表现出一定的自我调整能力，生活中的很多问题也就不再成为问题。前面讲过的我家星期四寿司日的故事，其实不仅体现了孩子对我的信任，还体现了孩子对我的同理心。

恰当的评价有助于发展孩子的自我调整能力

很多父母跟我说，自己的孩子在进入幼儿园或者小学之后，不能马上遵守纪律。其实这是非常正常的，孩子需要时间来过渡和学习。那么，作为父母，我们应该怎么帮助孩子改善他们的行为呢？怎样才能让孩子对自己的行为有所认识、有所调整呢？

我们在第七章已经知道，孩子在一岁半到两岁期间，会发展出自我意识情绪，这种情绪和自我意识的发展是密切相关的。孩子有了自我意识，就会逐渐有自豪感、内疚、尴尬、羞愧等情绪。对于幼儿园和小学阶段的孩子来说，他们的一些行为和他们的自我意识情绪密切相关。如果受到称赞，他们就会生发自豪感，以后还愿意这么做；而如果受到批评，他们就会产生内疚感，以后可能就不会这么做了。

所以，恰当的评价对孩子来说非常关键。父母对孩子的评价不能过于简单粗暴，或者攻击孩子的价值。我们应该让孩子认识到自己行为的后果，并学会弥补自己的过失。

父母可以指出孩子行为的后果，引发他内疚的感觉。比如，“你看，你一声不吭拿走了弟弟的玩具，弟弟很伤心，他哭了。”

父母还可以激发孩子的思考，让孩子想办法去弥补。比如，“我们怎样才能让弟弟高兴起来啊？”

有时候，父母会让孩子说对不起。这自然是应该的，关键是道歉必须是诚恳的，要让孩子确实意识到，自己的行为对别人造成了什么困扰，可以怎样弥补，以后怎样避免同样的后果，等等。这才是孩子发展的正确道路。

孩子的健康成长，需要体验各种情感

孩子在成长的过程中，各种情感也在不断地发展、丰富、细化。有些父母认为，内疚、尴尬等都是负面情绪，不愿意让孩子体验这些情绪。其实，孩子的健康成长，需要体验各种情感。当他们体验一些负面情绪的时候，父母需要教会他们怎么面对和处理，而不是想着将孩子与负面情绪隔离。

大量研究指出，适度的内疚感对孩子是有好处的。当孩子做错事的时候，父母要让孩子看到自己的行为所带来的后果，并给孩子提供建议。这样，孩子会在适度的内疚感的驱使下，根据父母的建议去弥补自己的过错。父母还可以告诉孩子，以后应该怎么避免这种事情。适度的内疚感会让孩子学会控制自己的冲动，从而不去伤害别人。

比如，滑滑梯的时候，孩子很想马上去玩，不过他知道，上次因为着急玩，不小心推了妹妹，幸好妈妈扶住了妹妹，不然妹妹就会受伤。所以这次他不能推人，以免让别人受伤。

通过这样的思考过程，孩子可以逐渐学会做出恰当的选择，并能控制或改变自己的行为。而同理心的萌芽，也由此产生了。

但是也要注意，强烈的内疚感是不健康的。如果成人在评价孩子的时候，攻击他的人格或价值，孩子就会产生强烈的内疚感。比如，孩子在玩滑梯的时候推了别人一下，成人就说："你这个熊孩子，太坏了。"这种攻击孩子价值的方式，会让孩子产生强烈的内疚感。这种强烈的内疚感很难平复，孩子也不能从中学到任何正确的做法和弥补的方法。如果孩子经常被别人这么评价，负面情绪会越积越多，很可能会破罐子破摔，也认为自己是个“熊孩子”。

因此，在孩子做错事情的时候，我们一定不要去攻击孩子的个人价值，而是要指出其行为后果，并教会他当前怎么弥补，或者以后怎么避免。孩子的自尊被保护了，并且他们能经常思考行为的后果以及规则背后的逻辑，孩子的同理心慢慢得到发展，在这些因素的共同作用下，孩子会愿意调整自己的行为，由此，孩子的自我调整能力也会越来越好。当然，我们还要注意自己的情绪、表情和其他身体语言。父母嫌弃地讲，和父母有同理心地讲，效果肯定不一样。

总之，孩子的发展是一个整体。实践证明，这样的做法教养出来的孩子，待人比较友善，人际关系也比较好。而孩子在学校里的人际关系，又会影响他的学业成绩。所以，我们有时候只要做好一件事情，就可以让孩子受益无穷。

从小培养同理心，让孩子学会换位思考

作为父母，我们要从小培养孩子的同理心，让孩子学会不光考虑自己，也要经常考虑别人。

比方说，一群孩子在书店的儿童区玩玩具。孩子喜欢玩小汽车，于是一下子把所有小汽车玩具都抓到自己手里。

父母可以问问他：“你喜欢车，别人会不会也和你一样喜欢车？现在你把车都拿走了，别的喜欢车的孩子就没得玩了，怎么办呢？”或者让孩子换位思考，“如果别的孩子一下子把车全部拿走，那你来了还有车玩吗？”还可以给孩子一些建

议，“我们把小汽车都放在这里，这样大家就可以一起玩，或者分着玩，或者轮流玩，都可以。”当然，父母也可以请孩子自己来想办法、出主意。

对于这种简单的换位思考任务，3 岁以上的孩子都可以做到，不会觉得很困难。当然，毕竟孩子还小，不一定能够主动地这么做，因此这需要父母的随时提醒。经过反复提醒，孩子能够逐渐学会克制冲动，表现出一定的自我调整能力。

我家两个孩子小时候经常互相抢对方的玩具，吵吵闹闹更是家常便饭。对于这种事情，我也没有任何捷径，只能一遍遍地提醒他们，几种办法同时用。

比方说，大宝夺了小宝的玩具，我会说：“你现在会讲话了，如果想要小宝手里的玩具，应该先问问他同不同意。”然后，我会指出他的行为造成的后果，并让他自己想办法弥补，“你看，小宝现在很伤心，你得想个办法，让他重新高兴起来。”大宝有时候真能自己想办法弥补。比如，他会抱一抱小宝，或者一边帮小宝擦眼泪一边说：“1、2、3，眼泪擦擦干，我们一起玩。”

我还会用换位思考的方式引导他，“你这样做，小宝很伤心。如果小宝也这么做，你会是什么心情？”让他去体会别人的心情。

另外，我还想提醒大家，这样的做法需要持之以恒。父母不要说：“我都讲了两个星期了，怎么还不行？”有时候，孩子的变化需要以“年”来衡量。所以，父母要沉得住气，坚持这么教孩子，直至他们养成这种思维方式。我就是一直这样坚持了好几年，两个孩子从最初在一起不能和平地玩上5分钟，到后来能够和平共处30分钟，我觉得就是很大的进步了。

等到孩子慢慢长大，父母就会感觉越来越轻松，因为他们可以试着自己解决纠纷了。

记得大宝五六岁的时候，有一次我正在做饭，他又跟弟弟为谁要哪一块乐高吵起来了。我因为怕把菜烧糊了，就没过去，想看看他们能不能自己处理。他们吵了一会儿，大宝突然说："你想想，如果我这样对你，你是什么心情？又会怎么想？"小宝沉默了。两个人就这样沉默了几秒钟，突然又变成好朋友，玩在一起了。

当孩子有了同理心，学会了换位思考，很多问题都可以迎刃而解。这其实也是一种非常重要的社交技能。在很多社交场景中，有同理心的孩子愿意调整自己的行为和情绪，因为他们不仅仅考虑自己的利益和感受，也会考虑别人的利益和感受。他们不会为了一己之私而去伤害别人的感受，损害别人的利益。甚至有时候，他们会为了别人的利益而暂时牺牲自己的利益，他们的利他行为也会逐渐发展。

本章小结

重视孩子的主体性，给予孩子适当的自主权，有利于孩子自我调整能力的发展。

给予孩子自主权并不等于放任自流，而是要找到放手和监督之间的平衡点。给孩子脚手架式的帮助。

信任是建立良好亲子关系的基石之一，也是孩子做出是否愿意等待的决策的基础。一定要重视信任，父母信任孩子，也做出榜样，让孩子信任自己。

当孩子需要学习行为边界的时候，父母要有底线，在理解孩子的基础上，用孩子能够理解的方式帮助他们，当他们的脚手架。

有同理心的孩子愿意调整自己的情绪和行为，由此，他们的自我调整能力也更好。

接纳孩子的情绪，
引导它的流向，
像一座水库那样。

第十一章

情绪能力

很多父母误认为，情绪调整能力就是孩子不哭不闹，以至于但凡孩子哭闹，父母就希望他们能够控制住自己的情绪，否则就是情绪调整能力差。

情绪能力（emotional competence）是一个比较宽泛的概念，它是指能够认识和表达自己的感受，调节自己的情绪，识别并恰当地回应别人的情绪，理解内心的感受不一定要表现出来，理解情绪会影响自己和他人的关系等能力的总和。所以，父母期待孩子具备的情绪调整能力，其实只是情绪能力的一个方面。

本章的目的是希望父母能够理解儿童情绪发展的过程，也理解儿童情绪调整能力的发展需要一个长期的过程，最终目标是培养孩子的情绪能力。本章还为父母介绍了一些可以培养孩子情绪能力的具体办法。

孩子的情绪发展过程

很多父母都希望培养孩子的情绪调整能力，却对孩子的情绪是怎么发展的所知甚少，因此对孩子在情绪调整方面的要求常常超出孩子的能力。这种做法和孩子情绪调整能力的发展是背道而驰的。孩子的情绪调整能力不是天生的，需要一定时间的发展，也需要其他方面的发展作为基础。

那么，情绪调整能力究竟需要什么基础呢？

要想让孩子学会调整自己的情绪，前提应该包括：孩子知道情绪是什么；在什么情境下，怎么表达情绪；怎么识别别人的意图和情绪；等等。同时，孩子还需要具备一点抑制能力，而抑制能力又和大脑的发育密不可分。

任何情感都是宝贵的

人类最宝贵的一点，就是拥有各种情感。有积极情感，就必定伴随着消极情感，任何情感对我们来说都是非常宝贵的。一个没有情感、没有差别的世界，并不是美好的世界。小说《记忆传授人》中就描绘了一个没有差别、没有色彩、没有情绪，甚至没有爱的世界，大家会发现，那样的世界一点儿也不美好。

试想一下，如果一个几岁的孩子每天都很冷静，不哭不闹，不急不躁，这个孩子正常吗？如果父母能够意识到，孩子有时候哭闹、发脾气、着急，这些都是生活的常态，就能更积极地去面对孩子的这些情绪。

其实人类进化到现在，每一种情绪对我们的生存和发展都是有帮助的，哪怕是恐惧情绪。比如，小孩子会爬了，当他爬到床边时，发现床很高，他会害怕掉下去。此刻这种恐惧情绪对他来说是有好处的，可以阻止他继续往前爬，从而避免了受伤的可能。

所以，父母不要以为只有积极情绪是好的，而消极情绪就是坏的。积极情绪和消极情绪就像一枚硬币的正反两面，我们都要积极面对。只要处理得好，不管是什么情绪，都有助于孩子的发展。但是如果父母处理得不好，比如通过压制等方式让孩子无法正常面对自己的消极情绪，反而会伤害孩子的成长。

四种基本情绪的发展过程

情感的发展是一个长期的过程。从出生到6个月，孩子发展出了四种基本情绪：愉悦、生气、伤心和害怕。

孩子情绪发展的最早阶段，也就是最早的情绪，我们称之为全面唤起状态（global arousal states）。一种是被愉悦的刺激所吸引，另一种是躲避不愉悦的刺激。也就是说，这个时候情绪还没有细分，没有针对特定的情景。孩子情绪的表达受到大脑中枢神经系统发展的影响，并且和孩子的目标变化、所经历的事情相关。随着孩子的成长，各种情绪不断发展，逐渐变成了清晰、整合起来的信号。

（一）愉悦

孩子怎么表达愉悦呢？先是通过微笑，然后发展出大笑。

刚出生的几个星期，婴儿吃饱之后，在身体被抚触或者听到轻柔的声音时会微笑。随着和父母的互动，婴儿6~10个星期大时，开始发展出社会性微笑。社会性微笑是婴儿在和父母的互动中后天习得的，用来引起并保持和母亲的面对面互动。这是小婴儿社会性发展的一个里程碑。

到了3~4个月时，婴儿学会了大笑，这是婴儿对非常活跃的刺激所做出的一种反应。我记得小宝在看大宝玩一个玩具时，突然爆发出一阵大笑，这是他第一次大笑。当时我手里还拿了一个摄像机，并跟大宝说“再来一次”，然后小宝又开始大笑，我就把这个过程录了下来。有时候，妈妈亲小婴儿的肚皮，也会让他们大笑。

到了 6~12 个月时，当孩子遇到不同的场景或者不同的人时，微笑和大笑的程度会不一样。这说明情感和人当时所处的社会情境是紧密联系的。这时的孩子情感发展得更加丰富了，并且开始分辨不同的社会情境。

（二）生气和伤心

对于 0~6 个月的婴儿来说，生气和伤心这两种情绪是没有细分的。当新生儿在饿了、冷了、刺激过多或过少，或者打疫苗等身体不舒服的时候，都会出现有压力的反应。我们把他们的这种情绪称为泛化的压力（generalized distress）。这说明这段月龄的孩子并没有对不同的情境做出细分的情绪反应。

到了 6~12 个月时，孩子变得越来越有脾气了，生气的频率和激烈程度也会增加，这和他们的认知发展水平有关。这个阶段的婴儿已经发展出了有意图的行为（intentional behavior），希望能够控制自己的行为或者某些物体。而且，他们对于想得到一个东西或者达到一个目标的意图能坚持更久。我们可能都经历过这样的情景，当孩子到了会爬的时候，他们开始到处乱爬乱摸，如果不让他去，他会很生气。这说明孩子的情绪发展和生理发展密切相关。

总之，孩子的发展是一个整体，是生理发展、认知发展、社会性和情感发展相互交织的一个过程。

（三）害怕

跟生气一样，婴儿的害怕情绪也是在 6 个月以后逐渐明显的。刚刚会爬的婴儿，在高处可能会因为害怕掉下去而往后退，不敢继续往前爬了。

对 6~12 个月的婴儿来说，最常见的害怕是面对陌生人，我们称之为“陌生人焦虑”。几乎所有这个月龄段的孩子都能分辨陌生的人和熟悉的人。这一时期的孩子，害怕情绪和探索需要共同飞速发展。婴儿会把熟悉的照料者当成安全基地，从那里出发去探索世界，并随时准备回到那里去。对于陌生的人或事物，婴儿同时具有好奇心和害怕情绪。婴儿会如何做，取决于照料者是不是一个可靠的安全基地，以及自身的适应性。婴儿需要在探索新世界和逃避压力二者间找到平衡。

随着经验的丰富和认知能力的发展，婴儿越来越能分辨什么事情或人是有危险或不利的，什么事情或人是不用害怕的。12 个月之后，孩子的陌生人焦虑以及由此带来的害怕情绪会渐渐减退。

如何认识并帮助孩子发展情绪

儿童情绪的发展是一个逐渐复杂化和精细化的过程。一方面，孩子在面对不同的生活场景时，会产生不同的情绪，激烈程度也不同。另一方面，情绪会反过来影响孩子的行为，以及和其他人的关系。那么，作为父母，我们可以做些什么呢？下面给大家两条建议。

（1）认真观察并认识孩子的情绪。

婴儿不会讲话，他们无法告诉父母他们的情绪是什么样的。这就需要父母去认真观察。首先，仔细聆听婴儿的声音（包括不同的哭声）。声音是婴儿传递信息的主要方式，不要以为婴儿不会说话，他们的声音就毫无价值。其次，观察婴儿的表情和其他身体语言。人类的表情是可靠的社交线索，基本情绪的表情在不同的文化中都差不多。但我们也必须意识到，面部表情和情绪的对应是一件很复杂的事情。有时候，一个微笑传递的可能是高兴、打招呼，甚至尴尬。父母要想真正认识孩子的情绪，必须整合各种信息，把声音、音调、表情以及其他身体语言等都结合起来，并根据以往的经验来判断，这样会更准确。

（2）温和、敏感的养育方式，有助于孩子情绪的发展。

什么是温和、敏感的养育方式？就是父母能够敏锐地觉察到孩子的需求，并且对婴儿那些模糊、笼统、还没怎么精细化的情绪做出适当的反应。这样的养育方式，可以帮助孩子构建情绪表达。

父母如果能够敏锐地读懂孩子的情绪线索，并做出恰当的反应，比如同情、抚慰、理解，孩子就会哭闹更少、积极情绪更多、更容易被抚慰，并更愿意积极探索周围的事物。相反，父母如果经常在孩子面前表现出不耐烦或者不满，或者经常等到孩子大发脾气时才做出反应，会让孩子更加不耐烦，更容易因为一点小事就大发脾气。孩子会从父母的反应里学到，不管大事小事，我只有大发脾气才能得到回应。所以，这些孩子真的会像父母说的，脾气越来越坏。

从理解孩子的角度出发，父母应该首先反思自己的回应方式。如果孩子经常发脾气，父母也会变得越来越不耐烦，这就造成了一个恶性循环，对孩子的情绪发展也没有帮助。当然，孩子的脾气也存在着个体差异。然而不管孩子天生是什么脾气，父母的情绪管理能力都比孩子强，应该尽量耐心地去帮助孩子，千万不要陷入恶性循环的泥潭。

孩子对情绪的理解和反应

孩子对自己情绪的理解和表达，以及对别人情绪的理解和反应，也属于他们情绪能力发展的一部分。

情绪的两个部分：内在状态和外在表达

情绪有两个部分，一部分是一个人的内在状态，一个人高不高兴只有自己清楚，如果不表达出来，别人很难知道；另一部分是一个人的外在表达，一个人只有表达出自己的感受，别人才会知道他现在是什么心情，然后根据他的表达来决定如何互动。

婴儿的情绪表达，与他们探测和解释别人表情的能力是紧紧联系在一起的。愉悦的父母、不敏感的父母、生气的父母，对孩子的情绪表达会产生不同的影响。

爱德华·特罗尼克在一篇研究报告里写道：孩子往往会对那些愉悦的、有游戏力的父母回报以笑脸、愉悦的声音和放松的身体姿态；对那些不敏感的父母表现出伤心的脸、不高兴的声音和软塌塌的身体姿态；而面对生气的父母，孩子也会回报以生气的脸、大声的哭喊，想让父母把他们抱起来。

可以说，父母是孩子情绪发展的第一位老师。

婴儿情绪发展的不同阶段

到了3~4个月，婴儿在和人进行面对面互动的时候，比如，当妈妈牙牙儿语地跟婴儿互动时，妈妈发出一个声音，婴儿发出一个声音，妈妈又发出一个声音，婴儿又跟着发出一个声音，这种你来我往的互动方式，让婴儿开始理解互相交流是怎么回事，这是婴儿对情绪的理解和学习的基础，因为情绪的理解和学习建立在互相交流的基础上。

到了5个月，婴儿可以从父母的语气和面部表情中分辨出积极情绪和消极情绪，并且能把别人的声音里传递出来的情绪和面部表情匹配起来，说明他们理解了这些情绪信号的意义。就这样，婴儿逐渐明白了，情绪表达是对一个东西或者一件事情的有意义的反应。

8个月的婴儿开始发展出社会性参照能力，当他们面对不确定的社会情境，不知道应该怎么做时，就会参考自己信任的人的表情。如果婴儿信任的人是鼓励的表情，他们就会勇于探索；如果婴儿信任的人是恐惧或者愤怒的表情，他们就会消极退缩。关于这一点，我们在第三章中已经讲过。

孩子情绪的发展和记忆力、语言的发展是分不开的。随着这些能力的进步，孩子能够记住之前的情绪并做出反应。比如，一个 14 个月大的婴儿能够对 1 个小时之前的情绪做出反应。而如果父母对小于 14 个月的孩子表达生气的情绪，他们可能过一会儿就忘记了。

到了 1 岁半，孩子开始明白，别人对某件事情的情绪反应，有可能和自己的情绪反应不同。所以从这个时候起，他们不仅能参考别人的表情来对一些社会情境做出反应，还能利用这些信号来揣摩别人的内心状态和偏好，从而判断怎么和别人互动。

不要用成人的心理去揣摩孩子的心理

美国心理学家艾莉森·高普尼克（Alison Gopnik）教授曾经做过一个很有意思的实验。实验者在每个孩子的桌上放一盘西兰花和一盘小饼干，一般孩子都喜欢小饼干，而不是西兰花。然后，实验者面对一组儿童，假装津津有味地吃西兰花，而讨厌小饼干；面对另一组儿童，假装特别喜欢小饼干，而讨厌西兰花。然后，实验者问孩子，你能给我一些吗？ 14 个月的孩子，不管这个实验者是喜欢西兰花还是小饼干，他都会给实验者小饼干，因为他喜欢小饼干。这说明 14 个月大的孩子还不能揣摩出别人的情绪和喜好可能和自己的不一样，所以他们决定：我喜欢小饼干，我就给这个人小饼干。而对于一岁半的孩子，如果看到实验者喜欢吃西兰花，他们就会给实验者西兰花。因为他们知道：虽然我不喜欢西兰花，但是这个奇怪的人喜欢西兰花，那我就给他西兰花。这说明一岁半的孩子在理解别人的情绪和喜好方面有突飞猛进的进步。

孩子的情绪理解能力和情绪表达能力是逐步发展的。父母要理解孩子的能力，并反思自己对孩子的期望有没有超出他的能力。建议父母不要用成人的心理去揣摩孩子的心理，也不要用对待成人的方式去对待孩子。

儿童早期情绪调整能力的发展

孩子的发展是一个整体，他们的大脑只有发展到一定程度，才能产生抑制能力，而抑制能力是情绪调整能力的重要基础。

什么是情绪调整

所谓情绪调整，是指人们为了实现自己的目标，会采取一些策略，把情绪调整到自己觉得舒适的程度，从而实现目标。比如，明天就要期末考试了，很多孩子都会紧张。有的孩子会告诉自己，引起焦虑的事情马上就会结束，等考试结束后可以去看场电影放松一下。又比如，有的孩子知道自己无法承受恐怖画面，就会拒绝看恐怖电影。这些都是在进行情绪调整。

情绪的自我调整在生活中很常见。我记得小宝一两岁的时候经常生病，反复发烧、中耳炎。当时的我非常焦虑，觉得日子很难熬，于是常常宽慰自己，等孩子再大一点，就不会这么经常生病了。后来证明，事实的确如此。

孩子的情绪调整能力是逐渐发展的

在最初的几个月里，新生儿的情绪调整能力是相当有限的。当他们面对不愉快的刺激时，可能会选择把头扭开、闭上眼睛，或者干脆哭起来。这时的婴儿非常需要成人的抚慰，比如把他们抱在怀里抚摸他们的背，并用轻柔的声音安慰他们。

随着前额叶的发展，婴儿对刺激的承受能力逐渐增强了。在 2~4 个月时，父母如果能经常和孩子面对面互动，不仅有助于形成良好的亲子关系，还可以帮助孩子发展承受刺激的能力。

到了 4~6 个月，婴儿可以通过转移注意力或者自我抚慰等方式来调整自己的情绪。

到了 1 岁左右，婴儿可以自己爬走或者走开，主动离开自己不喜欢的刺激。就这样，婴儿慢慢发展出了情绪调整能力。

对孩子来说，情绪调整必须是出于自发的，而不是自动的。也就是说，情绪调整需要通过努力控制来实现。（自发是由自己控制的自主行为，而自动是不需要去思考和控制的，比如呼吸、心跳、消化食物。）努力控制（effortful control）指的是，人需要付出努力来实现一些事情。孩子努力控制的能力是随着大脑前额叶的发育和成人的不断帮助而逐渐提高的。成人可以在帮助孩子认识和面对一些强烈情绪的同时，教他们一些应对策略。

当孩子对某种事物或者某种社会情境产生强烈的反应时，他能够自发地抑制这种反应，这就是努力控制的能力。随着这种能力的增强，情绪调整能力也增强了。

有位妈妈问我："我家孩子胆子特别小，有时候看动画片都会害怕，捂着耳朵就走了，怎么办呢？"

我告诉她，这恰恰体现了孩子的情绪调整能力。因为她知道有些画面会引起自己强烈的情绪，所以自发地通过捂着耳朵这种方式，不让自己受到影响，这是孩子在调整自己的情绪。

父母如果能够在孩子 0~2 岁时帮助孩子进行情绪调整，对孩子以后的认知发展和社会性发展都有好处。

如何帮助孩子发展情绪调整能力

父母的帮助在增强孩子的情绪调整能力方面可以起到重要作用。我们可以做很多事情来帮助孩子发展情绪调整能力，下面给大家几个建议。

（1）模仿孩子的表情。

在孩子的婴幼儿时期，很多父母经常会模仿孩子感兴趣、高兴、吃惊等表情，而很少会模仿孩子生气或悲伤的神情。

正因为得到父母这样的回应，所以孩子有可能会更多地表达积极的情绪。

这里必须要指出一个性别差异。男孩的父母需要注意，在调整消极情绪的时候，男孩子确实需要比女孩子付出更多努力。所以，父母对男孩要更耐心一些。当然，这里讲的是整体的性别差异，从个体差异来讲，也有一些女孩子比男孩子更难调整消极情绪。

（2）鼓励孩子表达自己的情绪。

孩子的情绪发展和他们的语言发展是分不开的。孩子到了 1 岁以后，语言能力开始有了飞跃的发展。到了 2 岁时，随着语言能力的发展，孩子表达自己情感的词汇量也增加了，比如：爱、高兴、吃惊、害怕、厌恶、生气等等。当然，孩子从理解这些词汇，到能够熟练恰当地使用这些词汇表达自己的情绪，需要很长一段时间的发展。

我发现，12~18 个月的孩子，有时候会因为父母禁止或者拒绝他们一些事情，而无法控制自己的愤怒。尤其是在孩子很疲倦或者很饿的时候，他们生气的激烈程度会很高。很多父母跟我说，自己的孩子稍不如意就大发脾气。其实对于这个阶段的孩子来说，这是很正常的。孩子到了 1 岁半以后，这种乱发脾气的现象就会大幅下降了。

怎样减少孩子这种乱发脾气的现象呢？我在前面说过，温和、敏感的养育方式有助于培养孩子的情绪发展。因为这样的养育方式，其实是在鼓励孩子表达自己的内在情绪。孩子只要愿意表达，就能促进父母了解他们，进而更有效地帮助他们。比如，妈妈和孩子一起去逛街，遇到一个施工工地突然发出很大的声音，孩子说："妈妈我害怕。"妈妈就可以马上捂住她的耳朵，或者安慰她，或者带她迅速离开那个地方。

不管孩子的情绪表达如何激烈，哪怕就像洪水一样，希望父母也能够像水库一样容纳它，并把它引到一个正确的方向上去。

情绪引导不是把负面情绪堵住，不让孩子表达出来，而是让孩子更好地表达出来。只有当孩子能够更好地表达自己的情绪，他的情绪调整能力才会越来越好。

如何培养孩子的情绪调整能力

情绪调整能力是情绪能力的一个重要方面。我们在前面的章节中讲过，情绪调整能力与孩子前额叶的发展、努力控制能力的发展都有着密切的关系，和父母的养育方式也有着很大的关系。同时，情绪调整能力也离不开孩子对自我和人际关系的认识。所以，培养情绪调整能力不单只是从情绪发展的角度入手，还可以从多种角度入手。

情绪调整能力值得父母花时间慢慢培养

如果父母每天给孩子讲数学，孩子的数学考试成绩提高了，父母就会觉得这个时间花得值，效果很明显。但是，如果父母天天关心孩子的情绪，可能发现半年以后孩子的进步也不是特别大，很多人就会觉得这个时间花得不值。要知道，孩子的社会性和情感发展，不像刷题那样通过强化训练就能马上见效，而是要用“年”去看他们的进步。

回顾大宝和小宝的整个小学阶段，我一直关心他们情绪的发展，情绪调整能力的发展，现在发现他们确确实实进步了，这让他们的生活变得越来越容易。无论是在学校和老师、同学的交往，还是在家里和父母的相处，都变得越来越轻松，对学业也起到了促进作用。因此从长期来讲，父母花时间和精力帮助孩子发展情绪调整能力是非常值得的。

帮助孩子认识并接纳自己的情绪

父母都希望孩子能够调整自己的情绪，然而我们需要先思考这样一个先后关系：孩子要学会调整情绪，就必须先学会接纳情绪。一个人如果无法接纳自己的情绪，反而害怕自己的情绪，嫌弃自己的情绪，那还怎么好好调整自己的情绪呢？而要接纳自己的情绪，首先要能够认识自己的情绪。如果不认识，又怎么去接纳呢？

父母只有重视孩子的情绪，凡事都能考虑一下孩子的情绪，而不是只看孩子的行为，他才有可能认识自己的情绪。如果父母不重视孩子的情绪，总是看不到他的情绪，那孩子就很有可能用激烈的方式来表达，以引起父母的关注。一旦孩子这样做，父母又会认为孩子无法管理自己的情绪，进而形成恶性循环。

很多成人可能都有过这样的经历：过年或者放假回老家，

父母不停地让我们吃东西，哪怕我们都说了自己吃不下了。还有很多小事，成人明明知道自己想怎么做，但是父母就是喜欢忽视，总是坚持他们自己的意见。因此，很多人说自己在老家待久了就会开始烦躁，说话也没有好脸色了。

一个成年人，明明有自己的想法，边界却被父母不断挑衅，所以能理解自己为什么会产生这样的情绪，以及有这样的情绪表达。而小孩子对自己和他人的边界尚且懵懵懂懂，对情绪的认知能力和表达能力也还在发展中，如果他根本无法自由表达自己的情绪，或者被父母不断地忽视或否定，就会无法认识和接纳自己的情绪。

比如，一个叔叔逗孩子，孩子感到很愤怒。妈妈为了自己的面子，反而训斥自己的孩子："你这孩子，叔叔不过是开玩笑呢，怎么这么不识逗啊！"这个妈妈否定了孩子的情绪，导致孩子的内心感受和父母的解释产生了冲突。孩子可能不再信任自己的情绪，或者感到羞愧，以后再面对这样的社会情境，他一方面会产生愤怒情绪，另一方面又会觉得自己不该有这种情绪，种种交织在一起，会让他无法接纳自己的情绪。

这种现象真的很普遍。父母不接纳孩子的情绪，也不对孩子的情绪做出合理的解释，对孩子认识和接纳自己的情绪都没有什么好处。那么，我们应该怎样帮助孩子认识并接纳自己的情绪呢？

（1）学会询问孩子的情绪。

父母在询问孩子的时候，应该问一些开放式问题，而不是封闭式问题。如果父母总是用是或否的句型去问孩子，那么孩子就会要么说是，要么说不是，这样的问题并不能帮助孩子认识情绪。

比如，有个孩子不愿意上幼儿园，妈妈这样问孩子："你为什么不愿意上幼儿园啊？"还不等孩子回答，妈妈就急着抛出自己的答案："是不是有别的小朋友抢你的玩具啊？"孩子本来可能还不知道自己为什么不愿意上幼儿园，或者还没想出来原因呢，妈妈这么一问，他很可能会觉得，可算找到原因了，就抓着这个原因不放。下次妈妈再问他为什么不愿意上幼儿园时，他多半会用这个理由来回答。类似的情况并不少见。所以，父母一定要记住，我们既然询问孩子，就要把回答的时间和权利还给孩子。做到这一点虽然不容易，但是正所谓育儿先育己，父母要对自己有信心，只要方向对了，就会越做越有体会，越做越容易。

父母还要注意，我们要关心孩子的情绪，而不要害怕孩子的情绪，特别是孩子的消极情绪。换个角度想一想，当孩子有消极情绪的时候，其实也是父母理解孩子的宝贵机会，而且，父母还可以借此帮助孩子认识和调整他的情绪。通过这个过程，还可以建立良好的亲子关系。在第六章中，我讲过父母要和孩子建立情感链接，我发现每次我帮助大宝调整消极情绪之后，他都会更加信任我。

有些人一听说要询问孩子的感受，让孩子描述自己的情绪，就整天逼着孩子一定要说出来。这种做法其实没有考虑到孩子的发展现状。一方面，孩子还没有掌握所有关于情绪的词汇；另一方面，情绪有时候也很复杂。比如，孩子觉得自己又高兴又难过，那怎么描述呢？有时候他真的描述不出来。因此，我建议大家只有在比较确定的情况下，才让孩子说一说。也就是说，父母要判断孩子的能力和发生的情景，如果觉得孩子能够说得清楚，就可以让他来说说，否则千万不要逼着孩子说。当然，这需要父母自己好好体会，不断调整。

（2）接纳并认同孩子的情绪。

父母要认同孩子的情绪，也就是告诉孩子，在某种社会情境里，他所做出的情绪反应是正常的。只有这样，孩子才能接纳自己的情绪。比如，当有人故意逗孩子，导致孩子产生愤怒情绪的时候，父母可以告诉孩子，他的反应是正常的，大部分正常人都会有这样的反应，让他接纳自己的情绪。

东方文化大多不鼓励孩子表达激烈的情绪，甚至不鼓励孩子表达情绪。有很多人误以为，所谓高情商，就是喜怒不形于色。其实对孩子来说，这样潜移默化的影响会让他无法接纳自己的情绪。

记得我小时候有一次得了奖，心里其实特别高兴，但是上台领奖的时候却不敢表露出很高兴的样子。因为从小受到周围环境的影响，当时我认为一个人如果喜形于色，会被认为个性太张扬或者太骄傲。现在每次回想起来，我总是感到很遗憾，并且觉得成人不应该对孩子有这样的要求。孩子对情绪的认识和体验还在不断发展中，我们应该让他们的情绪表达符合当时的内心感受。只有一个人的内心、行为和环境是一致的，他才能接纳自己的情绪。

接纳孩子的情绪，也离不开父母的同理心。

有一次，大宝说他在上课时给同学讲一道题，老师以为他在讲话，就给了他一个黄牌警告，他感到很委屈。我很理解他当时那种委屈的心情，就对他说："你是挺冤的，如果是我被老师误解，也会很委屈。如果再被老师误解，你可以直接和老师说。因为老师也不是圣人，也会有弄错的时候。"我还替他排解郁闷的情绪："虽然老师搞错了，给了你一张黄牌，但是好在你这个学期都没有黄牌，一张没事儿，什么也不影响。"

所以，只要父母能够接纳并认同孩子的情绪，并经常理解孩子，宽慰孩子，孩子就能够接纳自己的情绪，从而调整自己的情绪。

（3）教孩子恰当的情绪表达方式。

父母需要通过和孩子的互动，传递给他一个信息——不管你正体验着积极情绪还是消极情绪，我都无条件接纳你的感受。那么，孩子应该怎样表达自己的情绪呢？这里有三个原则，那就是：不伤害他人，不伤害自己，不损坏财物。

研究表明，我们表达情绪的方式大多是通过后天习得的，并且会受到当地人文环境的影响。不同文化环境中的人，表达情绪的方式也不一样。孩子需要从小学习行为的界限，以及如何恰当地表达情绪。所以，我们所说的“无条件地接纳孩子的情绪”，并不是指什么都要接纳，而是指无条件地接纳感受，有规则地接受行为。

有些孩子往往会在生气或者遭受挫折时乱发脾气，比如打别的小朋友、扔玩具等等。如果父母什么都不说，孩子就会认为自己这种表达和宣泄情绪的方式是对的，并经常用这种方式来表达情绪。但是，打人、扔玩具只是暂时宣泄了情绪，并没有解决实际问题。别的小朋友看他打人，慢慢都不再跟他玩了，孩子会越发不高兴，越发用这种暴力的方式。这就变成了一个恶性循环。

所以，父母需要在适当的时候，跟孩子讨论如何恰当地表达情绪。可能有些父母会说：“可是孩子一发脾气，就什么也听不进去了。”我的建议是，我们不要做那种事到临头才去灭火的消防员父母，而要做有准备的父母，通过潜移默化的方式，把情绪教育融入孩子的日常生活中。

大宝和小宝幼儿园的班级墙上，贴了各种各样的表情图片，以及如何表达情绪的图片。比如，生气的时候，我们可以通过深呼吸或者把手放在肚子上等方式，让自己平静下来。到了一二年级，学校继续对孩子进行这方面潜移默化的教育。老师还会结合一些故事，让孩子们通过写和画来表达：你什么时候会有这种情绪？为什么会有这种情绪？后来是怎么好起来的？学校还设有专门的行为指导课，通过木偶剧来为孩子们传递什么样的行为是合适的。

（4）灵活面对孩子的情绪。

培养孩子情绪调整能力的通常步骤是：询问孩子的感受，让孩子描述自己的情绪，然后接纳孩子的情绪，最后跟孩子讨论如何恰当地表达情绪，进而解决问题。

然而，生活毕竟不是程序，我们会遇到各种各样的情形，所以不能生搬硬套，拘泥于这几个步骤。因此，建议父母在了解大原则的基础上，通过自己的观察和尝试，学会灵活运用。

大宝5岁多的时候加入了足球队，每周六都有比赛。他是个情绪很外露的孩子，如果没踢到位，就会发出很不高兴的声音，不仅影响自己的情绪，说不定也影响了队友的情绪。爸爸跟他说："你在踢球的时候要集中注意力，不要抱怨啊，这样真的很烦人哎！"爸爸这么说有用吗？当然没用。

刚好那段时间，孩子们看了几期人体的节目，对大脑神经传递信息的画面印象很深刻，觉得很神奇。所以，我尝试用大脑神经的工作原理来引导大宝，对他说："你是不是也希望把大脑100%的能量都用在踢球上？你看，如果你踢球的时候嘴巴也在讲话，大脑就要拿出20%的能量去指挥嘴巴说话，那你就只剩下80%的能量来踢球了。你想用100%的能量，还是80%的能量来踢球呢？"不知道是不是我这些话起了作用，大宝在下次比赛的时候，居然几乎没有在场上抱怨过。

在这件事上，我并没有询问他的感受，让他描述自己的情绪，如果我当时这么做，说不定会激得他更生气了。所以，我选择直接帮助他解决问题。

在生活中，怎样面对和处理孩子的情绪，真的非常考验父母的智慧。在状况突发的时候，父母也有可能会因为心慌意乱而只想灭火。建议大家平时和孩子多沟通，引导孩子学会调整情绪，并恰当地表达情绪。

本章小结

这一章解释了婴幼儿情绪的大致发展过程——从婴儿时期到幼儿时期，从基本情绪到更丰富的情绪。情绪表达能力也是随着年龄、认知能力，以及生活经历不断发展的。希望父母了解儿童的情绪以及情绪表达能力和成人是不同的，不要用成人的标准去要求他们。

情绪调整能力需要有其他能力作为基础，比如抑制能力，当然也需要父母的帮助。本章给了父母很多具体的建议，比如：多讨论，常接纳，帮助孩子合适地表达情绪，等等。

父母的爱，
是孩子的铠甲。

第十二章

和他人的关系：社会交往能力

父母都希望自己的孩子能够活泼大方，人际关系良好，这是孩子社会性发展的一个方面。然而，良好的社会交往能力离不开同理心的发展，二者之间相互促进。孩子的生理发展、认知发展、情绪和社会性等方面的发展，都会影响其社会交往能力的发展。父母需要从整体看待孩子的发展，并学会用发展和变化的眼光看待孩子的发展，为孩子提供有安全感的养育方式。随着孩子社交范围的扩大和心智的成熟，他们会逐渐学会应对不同的人和事，社交技能自然也会得到顺利的发展。

本章通过分析不同年龄段的孩子社会交往能力的发展状况，以及跟社交技能相关的其他能力的发展过程，帮助父母用不同的策略帮助孩子解决社交问题。

儿童社会交往能力的发展过程

很多父母以为，培养孩子的社会交往能力，只要把孩子带到人多的地方，鼓励他和别人一起玩就行了。然而仔细想想，孩子和别人一起玩，可不仅仅是“玩”这样的行为，还要有情感上的交流和感受。

父母还可能以为，孩子没有在跟小朋友一起玩，就没有在发展社会交往能力。其实孩子从出生那天起，就开始发展他的社会交往能力了。而父母养育孩子的整个过程，都是在培养他的社会交往能力。

下面就让我们分年龄段来看看儿童社会交往能力的发展状况，以及父母和老师如何影响孩子社会交往能力的发展。

学龄前儿童对朋友的理解

很多父母希望自己一两岁的孩子能主动跟别人玩，主动交朋友。然而对于这么大的孩子来说，这样的要求有点过高了。

通常来说，孩子从幼儿园阶段开始，对“朋友”有了自己的理解。他们会说，朋友就是喜欢自己的人，或者朋友就是总在一起玩的人。小朋友经常会宣布：“××是我的好朋友，我们今天玩得很高兴。”而当他们发生争执的时候，又会宣布：“××不再是我的好朋友了。”这个时期的孩子对朋友的理解还很狭窄，他们还不能理解，友情是一种能够经历很长时间，互相信任、互相支持、久而弥坚的情感。

在正式上学之前，孩子能够学会与人相处，并了解一些社交规则，这样就可以了。比如，见到朋友主动打招呼，真心称赞朋友，有时候为朋友做出一点让步，等等。

很多研究发现，幼儿园阶段的孩子，跟好朋友之间互相赞美的语言确实会更多一些，他们可以更长时间地一起玩一些复杂的游戏，情感上的表达也更多，比如微笑、注视或者交谈等等。

小学才是孩子真正开始交友的阶段

在幼小衔接过渡期，父母都希望能够帮助孩子做好准备，早些适应小学一年级的生活。美国做了很多关于幼小衔接的研究，发现孩子刚上小学的时候，如果在班里能有一两个认识的小朋友，对他们适应新生活会很有帮助。因为在全新的环境里，熟悉的小朋友可以对孩子起到安全基地的作用。前面讲过，安全基地对孩子来说非常重要，可以让孩子放松大胆地去探索新的环境和新的人际关系。

孩子进入一年级，除了要适应新的学习任务，还要适应新环境和新同学。然而，很多父母往往只关心孩子能否适应新的学习任务，却忽视了后两点。他们在孩子幼儿园阶段急着让孩子去交朋友，等到孩子上小学时，反而对这个问题不是很在意了。其实，小学才是孩子真正开始交友的阶段。

到了小学阶段，同伴关系对孩子来说非常重要。我们在前面讲过孩子的社会比较的发展，知道了同伴关系和孩子的自尊、自信的发展息息相关，而自尊和自信的发展又可以促进孩子的学业成绩。所以，孩子各方面的发展是不可分割的。父母不要以为只关心孩子的学业，孩子的学习成绩就能提高了。有时候孩子学习成绩不好，也许问题不在学习上，而在其他方面。

多项研究发现，如果孩子在幼小衔接过渡期就能够友好地对待他人，并能与人合作完成某些任务，他们往往在小学课堂的参与度上也会更积极、更合作。如果孩子经常有一些亲社会行为[①]，比如安慰别人，愿意分享自己的东西，他就会

①亲社会行为指的是帮助、分享、捐赠、做义工等有利于他人或社会的行为。

更容易交到新朋友；如果孩子经常有一些暴力行为，或者特别容易跟人产生争执，他就不太容易交到朋友，而且这些问题还会对他们的同伴关系、课堂参与度和学业成绩都产生负面的影响。

曾经有一个长期追踪实验，研究人员连续跟踪了 900 个 4 岁的孩子，直到他们上一年级。他们发现，那些智力水平处于平均线而社交能力高出平均线的孩子，比同等智力水平但社交能力低于平均线的孩子，在一年级的时候成绩更好。研究人员建议，评估孩子是否做好入学准备，不仅要看孩子的学业水平，还要看孩子的社交能力。比如，能否用积极的方式和同学交往，是否有一些亲社会行为，等等。

现在有不少父母在自己的孩子打人或者抢玩具时心中窃喜，认为反正自己的孩子没吃亏。其实，这些人只看到孩子眼前没吃亏，却没想过孩子未来可能要花更长的时间来学习社交技能和亲社会行为。从长期来说，孩子小时候的这种行为方式，很有可能影响他们未来的学业成绩。

老师对孩子社会交往能力的影响

有一项研究跨越美国 6 个州，评估了同为 4 岁的孩子的社交能力。研究发现，一个温和、支持的老师，对孩子社会交往能力的发展很重要，特别是对那些比较害羞或者容易冲动的孩子帮助很大。如果老师对孩子观察敏锐，并能够给予孩子一些情感上的支持，这些孩子在小学入学后会适应性更好，社会交往能力也更好。

小宝一直是一个安静的孩子，不怎么爱说话。幼儿园的最后一年，当时愤怒的小鸟非常流行。有一次，小宝穿着他最喜欢的有愤怒小鸟的T恤去幼儿园。他刚到走廊就把外套脱了拿在手上，进教室的时候还特意用手拽了拽那件有愤怒小鸟的T恤。老师一眼就注意到了这个细节，热情地走过来说："小宝，你今天穿了愤怒小鸟的衣服，好酷啊，你想不想跟大家说一说啊？"她一边说，一边牵起小宝的手。这时，别的小朋友也围过来了，小宝受到老师的鼓励，很高兴地跟小朋友们分享了这件衣服背后的故事以及自己喜悦的心情。因为经常得到老师的鼓励，小宝在这个班待了两三个月之后，整个人一下子放开了，跟这位老师特别亲，什么事都愿意跟她说。

上小学以后，小宝的进步就更大了。五年级的时候，我有一次跟老师聊到小宝总体上比较安静的事情，他的老师说："这样也很好啊！这个世界上能说的人太多了，我们也需要能倾听的人，小宝就是一个非常好的倾听者。"

这些老师都很细心，并能全然接纳小宝。我想，小宝现在的进步和老师们的关心和支持是分不开的。

家庭环境对孩子社会交往能力的影响

我为什么建议父母尽量为孩子提供一个稳定、温和、轻松的家庭环境呢？因为父母在跟孩子互动的时候，其实正是孩子学习社交技能的时机。孩子从小生活在正常友好的环境里，他会逐渐积累一些社交经验，了解一定的社交规则，并且知道别人对他的行为会有什么期待，他对别人的行为又可以有什么期待。这些宝贵的经验会进入孩子的社交技能仓库，成为他们日后学习如何解决社交问题的基础。

如果父母有底线，又允许孩子自由表达，遇到事情愿意跟孩子商量，那么孩子对人际关系的认知就是，我有问题可以表达出来，也可以跟大家互相商量如何解决。

如果父母不耐烦，甚至用打骂来攻击孩子，就给孩子树立了一个攻击性行为的坏榜样，那么孩子就更倾向于认为，别人都是有敌意或者恶意的，而解决问题的办法只有一个，那就是让别人屈服，或者暴力解决。比如，大家一起搭积木，一个孩子不小心弄翻了另一个孩子搭的城堡。一般孩子会表示理解，并很快原谅别人。而来自冲突家庭的孩子则会认为别人是在故意惹他，并不假思索地用攻击性行为来表达自己的愤怒。

所以，我在第一部分一直强调，父母要做孩子的安全基地，用温和、支持的养育方式，跟孩子建立良好的亲子关系，这些都是孩子全面发展的基石。父母如果能够为孩子提供良好的家庭氛围，一直给孩子无条件的爱，就相当于给孩子穿上了面对世界的铠甲，孩子也就能够积极去面对未来的无数挑战。

同理心是发展社会交往能力的重要基石

同理心在本书中一直贯穿始终。只要父母有了同理心，孩子的很多问题就都不会再成为问题；只要孩子有了同理心，很多社交方面的问题也就都不会再成为问题。

孩子同理心的发展，与孩子对他人心理状态的理解有关。同理心的出现，让孩子亲社会行为的发展成为可能。

孩子到了幼儿园阶段，已经会使用语言来表达自己对他人处境的理解。比如，一个 4 岁的孩子，收到一个不是他给圣诞老人信中提到的礼物，他会想到，可能是圣诞老人搞错了，现在那个真正想要这个玩具的孩子却收不到这个礼物了。所以，他可能跟妈妈说："我们必须把礼物送回去，否则那个没有收到礼物的孩子会哭的。"当一个孩子能够从别人的角度看问题，他的同理心行为也会越来越多。

我们前面说过，很多父母以为，想要发展孩子的社会交往能力，只要让他跟别人一起玩就行了。其实这只是社交行为的表象，这样的行为背后，需要有很多支持孩子社交技巧的心理因素。如果父母只看到孩子的表面行为，却对这些行为产生的原因及其背后的心理机制一点儿也不了解，就很容易眉毛胡子一把抓，常常抓了一点，却又有更多的点冒出来。

心理理论的发展有助于同理心的发展

儿童心理理论是儿童在成长的过程中，逐渐发展出的一种对自己和他人心理状态的理解能力。他们开始理解自己所思考的、知道的、感知的以及相信的可能与其他人不同，并开始了解人们的许多行为是由他们自己的认知和信念所引起或推动的。儿童的这种能力，被心理学家称为“心理理论”（theory of mind）。

我们通常用“错误信念”的实验来测试孩子心理理论的发展。实验者给孩子看一个盒面上画了创可贴的盒子，然后问他：“你觉得盒子里装的是什么？”孩子一般会说：“创可贴。”然后，实验者打开盒子，孩子看到盒子里放了一个玩具。这时实验者说：“你看，盒子里是个玩具。”然后把盒子关上。接着，实验者又拿出一个娃娃说：“这是聪聪，他从来没有见过这个盒子里的东西，你觉得聪聪会认为这个盒子里装的是什么？创可贴还是玩具？”这个任务对成年人来说很简单，聪聪没有见过盒子里的东西，按常理，他会认为盒子里装的是创可贴。

3岁的孩子虽然能够理解聪聪从来没有见过盒子里的东西，但仍会回答："聪聪会认为盒子里装的是玩具。"因为3岁的孩子还不能理解错误信念，也就是说，他们不能理解别人的信念和想法有可能和自己的不一样。在他们看来，我认为是什么样的，别人一定也是这样。

而4岁的孩子已经可以理解这一点，所以他们会说："聪聪会觉得盒子里装的是创可贴。"因为他们明白，别人的经历和自己的经历不同，而不同的经历可以影响人的理解和信念。因此，与低龄孩子比，4岁孩子的心理理论已经发展了。

心理理论的发展有助于同理心的发展，在孩子的社会交往中起着重要的作用。心理学家普遍认为，拥有良好的心理理论，可促进儿童诸多社会认知能力的发展，这些能力是孩子与他人相处所必需的。心理理论的发展，让孩子有能力跟别人交谈，维持友情，在发生冲突的时候去解决问题，并能和老师建立良好的关系。

研究发现，心理理论发展好的孩子，社会交往能力更好。同时，孩子的社交经验又能够促进心理理论的发展。孩子心理理论的发展，需要经过很长一段时间。通常来说，那些父母温和的孩子，心理理论发展得更好。因为温和、耐心的父母经常和孩子交谈，谈话会涉及"喜欢""相信""愿意""记得"等与心理状态相关的事情，这会促使孩子更加理解别人的心理状态。而且，如果小孩子经常跟大一点的哥哥或姐姐玩，或者在幼儿园跟大一些的孩子玩，他们会有更多的机会听别人谈论自己的想法、情绪、意图，这也能促进他们心理理论的发展。

观点采择能力是孩子发展同理心的基础

观点采择能力是孩子发展同理心的基础。那么，什么是观点采择能力呢?

所谓观点采择（perspective taking），指的是儿童推测别人心理活动的能力，即能设身处地理解他人的想法、愿望、情感等。

塞尔曼（Selman）在研究儿童和青少年对社会两难问题的反应时，把儿童和青少年观点采择能力的发展分成5个阶段。

第一个阶段：3~6岁，未分化的观点采择。

这个阶段的孩子可以认识到自己和别人有可能有不同的想法和感受，但是他们混淆二者。所以，他们有时候不能主动去理解别人，需要别人点拨一下。

第二个阶段：4~9岁，社会信息的观点采择。

这个阶段的孩子知道，因为人们接触到的信息不一样，所以观点也可能会不一样。

第三个阶段：7~12岁，自我反省的观点采择。

孩子可以设身处地地从别人的角度来审视自己的想法、观点、感受和行为。他们也知道，我会这么做，别人也会这么做。

第四个阶段：10~15 岁，第三方观点采择。

孩子能够脱离当事双方的立场，站在第三方的公正立场去考虑自己和别人会被怎么看待。

第五个阶段：14 岁至成年，社会性观点采纳。

他们理解了第三方观点采择可能会受到一种或多种更大的社会价值系统的影响。

观点采择需要经过很长时间，才能发展成一套复杂的认知系统。而且大家应该也注意到了，不同阶段之间的年龄有重叠，这说明发展的窗口不是说几岁到几岁，中间有些阶段能力发展还不是很稳定。如果用生态系统理论来分析孩子观点采择能力的发展，往小了说，会受到父母、老师和同伴的影响；往大了说，会受到社会文化、价值观等的影响。作为父母，我们要以身作则，理解并尊重孩子的感受，还要经常跟孩子讨论别人的观点和感受，让孩子逐渐理解并懂得别人的感受。

那些观点采择比较成熟的孩子，会表现出更多同理心，以更有效的办法来处理社会情境，因此会受到更多同伴的喜欢；而那些无法理解他人想法和感受的孩子，更容易发火和攻击别人，社会交往能力也比较差。

不同的养育方式对同理心的发展会产生不同的影响

很多研究发现，如果父母很温和，能够跟孩子充满情感地交谈、玩耍，能够敏锐地察觉孩子的情绪，并做出富有同理心的反应，那么孩子在别人遇到困难或者不高兴的时候，也会做出类似的反应，比如安慰或帮助别人。这样的孩子在上了幼儿园之后，会有更多的亲社会行为和更积极的同伴关系。

如果父母能经常和孩子讨论情绪，接纳孩子的情绪表达，孩子的情绪能力会发展得更好。父母平时可以经常跟孩子一起探讨：在什么社会情境下，什么样的情绪表达是合适的，而什么样的情绪表达是不合适的。比如，一个小朋友跌倒了，如果你去嘲笑她，这样的情绪表达就是不合适的；如果你去安慰她，这样的情绪表达就是合适的。

如果父母能经常指出孩子行为的后果，孩子就可以逐渐学会承担责任，从别人的角度去看待事情。只要父母坚持这么做，孩子富有同理心的行为就会越来越多，也越来越持久。

相反，那些动不动就体罚或者严厉责骂孩子的父母，会阻碍孩子早期同理心的发展。研究发现，那些有粗暴父母的孩子，跟兄弟姐妹之间的关系都不好，跟小伙伴之间的同伴关系也不好。这些孩子很少在其他孩子不高兴的时候表现出关心的情绪，反而会以害怕、生气，甚至攻击等方式做出回应。因为他们的情绪管理能力、观点采择能力都遭到了破坏，因此，想要培养他们的亲社会行为会更加困难，所花的时间也会更长。

所以说，同理心是孩子发展社会交往能力的重要基石。父母要先帮助孩子把基石打好，并把握好本书第一部分中提到的大原则、大方向。也许这样刚开始会走得比较慢，但是有时候慢就是快，父母千万不能怕麻烦，相信后面会越来越容易，越来越轻松。

发展与社交技能相关的其他能力

有位妈妈问："一岁三个月的孩子，别人打他不知道还手，别人抢他的玩具扭头就走，应该怎么办？"一位热心的妈妈建议她："告诉孩子，自己的东西自己做主，并鼓励他去拿回来。"

一岁三个月的孩子，他的语言沟通能力发展得怎么样？自我概念发展得怎么样？他能理解什么是"你的"，什么是"我的"吗？他能理解"自己的东西自己做主"吗……

所以，这位热心的妈妈让一个还不太会说话的孩子自己去把玩具要回来，其实是因为她并不理解孩子的发展特点而给出的一个纯属想当然的建议。

父母要想发展孩子的社会交往能力，就必须让孩子具备生理、认知、情绪等一系列能力储备。

（一）语言沟通能力

孩子沟通能力的发展，可以促进其社会交往能力的提高。那么，怎样发展孩子的沟通能力呢？

父母需要学会跟孩子游戏、聊天，更重要的是，观察和解读孩子的社交线索。有时候，孩子会通过眼神、其他身体语言等来表达他的需要，父母需要对此做出恰当的回应。只有这样，孩子才会明白人与人之间的沟通是怎么回事：尊重、等待，以及一来一往的交流。

如果父母经常命令孩子，或者对孩子不耐烦，孩子就会抢着说话，或者用粗暴的动作来代替语言。比如，孩子通过眼神或者手势告诉妈妈自己想要什么，但是妈妈却没注意到。孩子就有可能通过打妈妈的方式让她注意到自己。长此以往，孩子会认为这是一种有效的沟通方法。孩子的这些行为方式，都是通过生活中无数的小事积累起来形成的一种比较固定的模式。

也许有人会问，那不会说话的孩子怎么办？其实，不会说话的孩子也可以培养沟通能力。比如，成人和宝宝一起玩球，成人扔球给他，他扔球给成人。通过这种一来一往的互动，孩子会慢慢了解游戏规则：等待和轮流。这是孩子发展社会交往能力的基础。

（二）注意力

孩子需要有一定的注意力，学会将自己的注意力集中在自己想做的事情上。孩子还需要学会倾听别人，并通过与别人的配合来一起完成游戏。如果别人讲话孩子不听，反而只顾着自己，还会有人愿意跟他一起玩吗?

（三）自主感

父母要在一定范围内给孩子一定的自主感，让孩子可以自己决定做一些事情或选择，可以为自己的行为负责。这样当孩子与他人交往的时候，才能自如地表达自己的意愿，展现“我是谁，我喜欢什么，我可以为你做什么”等等。

（四）能力感

一个孩子的自信从哪儿来？当孩子发现自己有能力做成一些事情时，他就是自信的。而只有自信的孩子，才会主动去跟别人交往。

（五）自我价值感

父母要让孩子知道，“我是有价值的，我是有人爱的。”这一点对孩子很重要。一个有自我价值感的孩子，不仅能和他人正常交往，而且在处理与他人的关系上也不会迷失自己。

（六）心理理论

我们在上节讲过，心理理论的发展有助于同理心的发展，而同理心是孩子发展社会交往能力的重要基石。当孩子在和别人一起玩的时候，要学会观察别人的表情或身体语言，经常考虑一下别人的想法和感受。因此，心理理论和同理心的培养也必不可少。

（七）自我调整能力

孩子在和别人一起玩的时候，并不是每次都会称心如意。

他不可能动不动就不高兴，或者一不高兴就发泄出来。因此，孩子还需要有一点抑制冲动、调整情绪的能力，能够主动调整自己的情绪和冲动。如果孩子的沟通能力和逻辑思维能力都发展得足够好，他就可以去说服别人，或者找到让自己和别人都比较满意的其他办法。

（八）计划能力、推理能力等高级大脑执行能力

孩子们在一起玩游戏的时候，我们经常会发现：游戏应该怎么玩，有的孩子很清楚，有的孩子却不太清楚。因此，那些清楚游戏规则和游戏步骤的孩子，就很有可能成为游戏的领导者，带领其他孩子一起玩。这些都离不开计划能力、推理能力等高级大脑执行能力的支持。

我们在前面说过，孩子的生理发展、认知发展、情绪发展和社会性发展是相辅相成、不可分割的。很多人可能都没有意识到，这些能力还会对孩子的社交技能有所帮助。所以我才会一再强调，父母必须要看到孩子发展的全景图，做到整体养育。养育孩子是一个环环相扣的过程，只要父母把这些基础的事情做好，这个孩子就一定不会差。

父母如何帮助孩子解决社交问题

很多父母经常问到一个问题，小孩子们在一起玩，打打闹闹有时候在所难免。那爸爸妈妈到底需不需要介入孩子的这些社交场景？什么时候应该介入？怎么介入呢？

两个建议：父母是否介入孩子的社交场景

就我的观察来说，父母首先要避免以下两件事。

第一，父母喜欢把孩子之间的打打闹闹行为一律视作“欺负”。因为心疼孩子“被欺负”，就不让他和别人一起玩，或者一味指责别的孩子，这些都是得不偿失的。孩子需要在与人交往的过程中去理解和建立社会规则，了解人际关系，认识和表达情绪等。用通俗的话说，情商是怎么培养起来的，不是在课堂里，更不可能是在温室里，必须在真实的生活里，通过孩子的亲身经历逐步培养起来。如果父母过度保护孩子，反而对他没有什么帮助。

第二，父母容易忽视孩子的感受。有时孩子之间互相打趣、玩闹，如果双方都觉得好玩，那通常没有关系。但是如果有一方觉得不好玩，并且受到了伤害，父母就不应该顾及别人的面子，而忽视自己孩子的感受。这时，父母需要出面制止那些行为，或者教孩子如何制止那些行为。比如，大宝就曾经这样说："如果我和你一起笑了，那就是彼此间的玩笑。如果我觉得你伤害了我，我很难过，没有跟你一起笑，这就是不合适的行为，要停止这么做。"

两个阶段：帮助孩子应对社交问题

父母要记住，帮助孩子应对社交问题的总原则是，父母应该作为孩子的安全基地。那具体应该怎么办呢？其实这个问题并没有什么标准答案。不同的年龄，孩子所具备的能力不同，所以，下面我会按照年龄段来给大家提供一些建议。

第一阶段：0~3 岁。

0~3 岁的孩子，语言表达能力发展得不够好，对一些社交规则也还处于学习阶段，因此孩子们在一起玩的时候，父母一定要承担起监护的责任，保证孩子的安全。

如果别的孩子打人，父母要赶紧把自己的孩子抱开。如果别的孩子抢玩具，父母要去替孩子要回来。因为这么小的孩子，语言表达能力发展得还不够好，而且对于"我的东西""你的东西"这种所有权理解得也不够，没办法自己去有理有节地要回来。更重要的是，如果父母在旁边都不帮他去把玩具要回来，都不能保护他，而是像一个陌生人那样在一边旁观，孩子会是什么心情？有些父母可能会说："我这是让他自己去处理。"但是，父母的愿望超出了孩子当前的能力。从孩子的角度看，他会觉得父母只会冷漠地旁观而没有帮助他，那父母这个安全基地就不可靠了。

当然，我们也要看到个体差异。如果有的孩子表达能力发展得很好，而且有意愿自己去解决问题，那父母只需要在旁边关注，在孩子需要帮助的时候再出手就好了。

如果是熟人的孩子，那就更好办了。这个时候，父母可以为孩子制定一个游戏规则，比如：谁先拿到的，就让谁先玩；或者大家一起轮流玩；或者大家交换玩。这样慢慢教孩子去观察别人、理解别人，并想办法解决问题。

有位妈妈问："我的孩子两岁半，别人打他，他不还手；别人抢他的玩具，他自己递过去。这可怎么办？是不是太懦弱了？"

我很理解这位妈妈，因为大家都不想自己的孩子吃亏。我的小宝就是这样的孩子。有的孩子天生性格温和，你硬教他打回去，他的内心会很冲突。不妨给孩子找一两个认识的、性格温和的孩子一起玩。等他们大一点，在幼儿园和别的孩子相处的时间多了，就会慢慢明白哪些情况，面对哪些人，应该怎么做。

最重要的是，只要父母和老师给予孩子温暖的支持，他们的行为一定会有所改变，不会一直这么"懦弱"。关于这一点，不仅仅研究得出了这样的结论，我在小宝身上也看到了实实在在的进步。

第二阶段：3~12 岁。

到了 3~5 岁，孩子的自我概念开始飞速发展，5 岁以后可以和别人玩合作游戏了。这个阶段的孩子，观点采择的能力发展了，心理理论进步了，同理心发展了，语言表达能力、情绪管理能力、理解能力、推理能力、逻辑思维能力都比以前进步了。因此，我们可以教给他们一些策略来解决和同伴相处中遇到的问题。下面我们分成三个步骤，教孩子如何解决问题。

第一，解读。

当一件事情发生的时候，孩子需要对他人的社交线索进行解读。比如，他在搭一个城堡时，另一个孩子走过来把他的城堡撞翻了。这个时候，他要学会通过观察来分辨并解读这个孩子的表情和动作。也就是说，孩子需要分辨出：这个人是不小心撞翻城堡，还是不怀好意故意这么做的。不同的孩子，解读也可能是不一样的。一个生活在充满敌意和冲突环境里的孩子，更倾向把别人的表情和行为解读为不怀好意。

第二，目标。

当孩子对别人有了看法以后，会形成一定的社交目标。也就是说，我需要处理这个问题，我希望最终的结果是什么？当然，这个社交目标也因人而异。如果孩子认为别人是故意的，他就会想要去报复另一个孩子，或者宣泄自己的愤怒；如果孩子认为别人是不小心的，他就会认为，“这只是一个意外，我们还可以一起玩”。

第三，策略。

不同的孩子，对待外部事件有不同的策略。这些策略来自于无数次社交经验的积累。有的孩子会用暴力，有的孩子会去告状，而有的孩子可能会说：“你是不小心的，咱们一起搭回去吧！”

通常情况下，一个生活在冲突、暴力的家庭环境里的孩子，会很自然地认为自己可以用暴力行为来解决问题；而一个生活在温和的家庭环境里的孩子，更倾向于认为这是一个意外，并选择原谅别人，或者邀请别人一起重新搭一个城堡。

孩子怎么知道他采用的策略是否有效呢？这取决于其他小朋友的反馈。

如果孩子认为别人是故意的，他就可能会产生敌意。产生了敌意以后，孩子会根据自己的情绪来选择策略，自己要怎么做。比如，有的孩子会选择打人。如果别人个子更大，自己反而被别人揍了，那他就会知道，这个策略是无效的；如果他打了别人，别人因此不跟他玩了，那他也会知道，这个策略是无效的。如果他不理这个人，也可能这件事就过去了，那他会知道，这个策略可能是有效的。

如果孩子选择原谅别人，别人也愿意跟他一起重新搭一个城堡，那他就会知道，这个策略是有效的。如果他选择原谅别人，别人回答，“对不起，我是不小心撞到的”，那他也会知道，这个策略是有效的。如果他选择原谅别人，别人不说话，还故意撞倒一片，那他就知道，在别人故意找茬的情况下，原谅是无效的策略。

一切策略的形成和使用是动态的，比方说，原谅是不是好的策略？那要取决于对方的目的，对方的反应，我们无法笼统说原谅是一个好的策略。一个成年人可能处理起来会比孩子更灵活，更得体，为啥呢？因为成年人的社交经验丰富了，他仓库里的工具比孩子的仓库里的工具多多了。

所以，孩子需要从每一次社交情景中自己去解读社交线索，并预估最终的结果是什么，是不是自己想要的，然后去尝试不同的策略，最后通过同伴的反馈来学习，从而不断调整自己的认知、行为和态度。这些经验都会存到孩子已有的经验里面，变成他社交技能仓库里的一部分。于是，孩子的社交经验就会越来越丰富，解决问题的能力也会越来越强。

只要孩子已经具备了足够的能力，我们就可以反复教他上面这些步骤，帮助孩子指出别人的表情以及其他身体语言分别代表着什么，帮助孩子分析可以采用哪些策略，哪些可能是有效的，这相当于在他的社交技能仓库里增加有效的存货。父母经常这么做，孩子在这方面一定会有进步。当孩子在应对社交问题方面取得了进步，也会促进他的同理心、自我调整能力、情绪管理能力等方面的进步。所以，培养孩子真的离不开整体养育的思路。

本章小结

这一章，我们重点帮助父母理解，孩子的社交技能不仅仅止于孩子会交朋友。社交技能和其他方面的发展息息相关、相辅相成。在孩子还不会说话，甚至还不会爬的时候，就开始了社交技能的学习。

这一章讲了发展社交技能的发展过程，父母和老师对孩子社交技能发展的影响。同时，介绍了同理心的发展机制和各阶段的特点，以及不同养育方式对同理心发展的影响。最后，指出和社交能力相关的各方面的能力，以及给父母的一些建议。前面讲过的各个方面的发展都渐渐汇集在一起，互相交织起来，形成一个孩子全面发展、父母整体养育的知识网络。

第二部分结语

第二部分总共有六章。通过这六章的详细论述，相信大家都理解了各个方面的发展过程、背后的心理机制，以及父母可以操作的具体办法。这六个方面看起来是一个孩子不同方面的发展，然而，父母去培养这些方面发展的理念和办法却是万变不离其宗。从本书的第一部分到第二部分，由始至终，贯穿于全书的理念、逻辑，以及具体方法都始终如一。

怎么来理解育儿即育己？我认为，父母首先要把自己理顺了。我跟学生开玩笑说：育儿要做得好，父母必须要有整合能力，好比武侠小说里的“人剑合一”，才能产生“气”。一个人的三观，和他过往的经历，以及获取的知识等，都应该是最终整合在一起，然后运用出来。现在很多人，一心只要把别人“好”的育儿“方法”嫁接到自己的生活里，往往是“手中有剑，心中无剑”。因此很多人看了别人的办法觉得很有道理，自己做起来却总是偏了方向或者别别扭扭。

本书分成第一部分和第二部分，从儿童发展的理论，儿童发展的规律，到具体方法背后的原因以及逻辑关系，从头到尾整理了一遍，希望大家看到这个一致性，也希望大家看到儿童发展的整体性，以及整体养育的必要性。最后，希望大家把书中的知识整合成一个扎扎实实的知识网，和自己的生活结合起来，确保自己手中的“剑”和自己这个“人”是合二为一的。百川归海，从心理解孩子，权衡利弊，整体养育。

后记

自从2016年出版了《养育的选择》之后，我又在朋友们的鼓励下开通了微信公众号。从此除了微博，我跟爸爸妈妈们又多了一个讨论的渠道。

在跟读者的互动过程中，我发现了一个现象。很多父母往往对孩子发展过程中出现的某些问题过于焦虑，导致在一个地方用力过度，失去了整体视角。比如，很多父母为了提高孩子的自控力，居然故意用玩具去引诱孩子，却不给孩子买；或者故意用零食吸引孩子，却不给孩子吃……其实，孩子的发展是一个整体，他们各个方面的发展是互相影响、互相交织的，自控力的发展也需要建立在其他各项能力发展的基础上。比如，生理上，需要以大脑的发育，尤其是前额叶的发育为基础；认知上，需要孩子能理解“我什么时候可以做什么”“我做这个选择的理由”等等；人际关系上，需要有良好的亲子关系，能够信任父母。如果父母能够从整体的角度去理解这一点，帮助孩子全线推进，那么自控力自然也就一起发展了。然而，如果父母为了发展孩子的自控力，反而忽视了亲子关系，不屑于跟孩子讲明做选择、选策略的思考过程和逻辑关系，甚至对孩子提出超出他们发展现状的不合理要求，反而会阻碍孩子自控力的发展与进步。

因此，我逐渐产生了一个想法，希望能够帮助父母认识孩子发展的基本规律，并理解孩子在各个阶段的发展特点。这样父母在看待孩子在发展过程中出现的“问题”的时候，就不会再把孩子当作“问题”去解决，而是能转变思维方式，重新认识和理解孩子，帮助他们健康成长。父母应该在孩子的成长过程中起到脚手架的作用，而不是高高在上，和孩子对立起来。

随着想法慢慢成熟，我越来越清晰地知道自己想做什么。在朋友们的鼓励和支持下，为期一年的心理学课程《从心理解孩子》上线了。这门课程绝不是那种简单的教父母头痛医头、脚痛医脚的速成课程，而是承载了我很多任性的想法。

第一，我希望可以从最基本的内容讲起，帮助父母踏踏实实地打好基础。跟儿童发展与教育相关的概念、理论、模型以及实验研究，我都在课程中涉及了。因为只有基础打好了，父母的养育之路才会豁然开朗。

第二，我希望跟大家采取互动讨论的方式来上这门课。课前有预习，课中有讨论，课后有总结。有时候，我还会发个父母求助信，请大家一起讨论分析，作为随堂测试。这样我可以在评论区看到所有学生的感想、总结或疑问，并逐一阅读，抽取部分评论来做点评和解惑。另外，我还会根据学生的反馈随时补充一些内容，并推荐相关的拓展学习资料。这种互动的学习方式，可以让学生尽可能地参与课程；而评论区的留言，则可以让学生尽可能地深度加工信息。我想，这样的授课方式要比简单地录制音频，然后放在各大音频平台上给学生随便听听要好得多。因为很多人常常会产生“买了音频就等于学会了”的幻觉，这种幻觉不仅浪费了金钱，更浪费了原本可以把自己变得更好的时间，这是多少金钱都买不回来的。

第三，因为时间精力有限，我希望这门课可以帮助那些真正愿意花时间和精力来学习和思考的父母。因此，我不追求热度，不追求流量，而且会限制参与的人数。事实证明，那些选择我的课并坚持下来的学生，都是同质相吸，同质相惜。很多学生在讨论区学得不亦乐乎，纷纷表示自己受益匪浅。

每一期学生在课程毕业时，都会写下自己的学习感想，我把它们都发表在了我的微信公众号里。通过这种跟大家长期、大量的互动，我也不断地从同学们那里得到了各种各样的积极反馈。一方面，同学们的进步，激励着我一直把这门课开下去；另一方面，我也会根据大家的反馈来不断优化和调整课程，让它变得越来越好。

后来，我的一个在出版社做编辑的学生，建议我把课程内容改编成图书，以便让更多人看到。因为课程为期一年，而且限制人数，能够帮助的人确实有限，所以我就答应了。不过，图书和课程还是有很多不同的地方。首先，我的授课方式是互动的，我会根据学生的反馈随时回答问题，补充内容。其次，我会在课程中时不时地强调重点，帮助大家反复联系前后的知识点，并在回答问题时启发学生回想已经学过的内容。因此，我的课程仅仅是讲课稿就有 40 多万字，加上各种补充材料、专题讨论和评论回复，已经不知道多少字了，被同学们称为“饕餮大餐”。而图书本身字数有限，相比讲课稿来说要更为简练。所以，这本书的内容是我从自己 40 多万字的讲课稿中精心挑选，并经过重新编排结构之后，整理出来的课程精华。

本书共分为两个部分。第一部分是做有准备的父母，讲解了作为父母必备的基础，比如对发展的理解、良好亲子关系的建立、权衡利弊、做孩子的脚手架等等，这些基本原则必须贯穿在我们生活的各个方面，贯穿在我们陪孩子成长的各个阶段。书稿的第二部分，深入讲解了如何帮助孩子发展各项能力，这些能力都是父母特别看重的。然而我要提醒父母，我们只有先把第一部分做好，第二部分的实现才有可能。希望大家在阅读时，一定要记得去联系第一部分和第二部分的内容和要点。

本书名字朴实无华，叫作《整体养育》。希望大家看完这本书，能够了解孩子在各个方面和各个阶段大致是什么样子，然后认识到孩子各个方面的发展是互相影响、相辅相成的关系，建立起整体养育的视角。

我们不妨来打个比方。

有两个人在盖房子。

有人问，你们在干什么？

其中一个人说，我在砌砖呀！

而另一个人说，我在盖一个漂亮的大房子。

你发现这两个人的区别了吗？

很多人的心里没有这栋漂亮的大房子的整体图（即孩子发展的规律和特点），只有眼前这块砖（即眼前看到的问题）。他们只知道堆砌这堵墙，至于地基是否打好了，是否有的地方盖歪了，有的地方没有盖结实，全然看不见。甚至更糟的是，他们看到别人的墙很漂亮，就自己拆了东墙补西墙。看见别人的窗雕了花，自己的窗也去镶个金边。如果别人提醒说：你的房子屋顶漏雨了，你的房子地基歪了！这些人根本听不进去。因为他看不到整栋房子，只看到眼前这几块砖。这样能盖得好房子吗？

这本书既给大家讲解了盖漂亮大房子的整体图（即理解孩子是怎么发展的），又给大家介绍了很多具体的例子以及可操作的办法，就好像我给大家讲解，要造某样东西，你需要哪些砖，需要哪些木料，需要哪些钉子以及怎么准备，怎么使用这些材料，最后一定可以把房子盖得既漂亮又结实。

从 2016 年出版第一本书《养育的选择》到现在，又是好几年过去了。这一路，我得到了很多人的帮助。

首先，我想借此感谢行星群的朋友，无论跟大家是否见过面，他们都像亲人一样，在我有想法的时候热情鼓励我，为我出谋划策；在我有困难的时候悉心宽慰我，像一张网一样把我托住。可以说，没有他们，我的想法就不可能变成现实。

其次，我要感谢我的两个孩子以及孩子的爸爸。正因为孩子们都能自觉学习，孩子爸爸又承担了大部分家务，我才可以腾出时间做自己想做的事情。

再次，我要感谢所有上过我的课的学生们。正是你们这些优秀的学生，成就了我这个有些任性的梦想，也让我这门有些逆潮流的课程越来越优秀，并受到了很多人的欢迎。

最后，我还想感谢为这本书付出心血的出版社的编辑们。我的草稿上留着好几个编辑的意见和建议，正是他们的几轮认真审稿，让这本书从想法落到了实地。

权衡利弊，整体养育。育儿路上，伴你同行！

陈忻

2020年2月20日

学生推荐

以前，我在书上看到一个育儿原则，就会想，“哦，我要这样做”“哦，我要这样说”；现在，我看到一个育儿原则，想到的是：这个原则的背后，是什么心理理论在支撑，适用的场景跟环境是什么，不同类型的孩子可能会有什么不同的反应，除此之外，我还能做什么来实现相同的效果……

——秋千

“从心理解孩子”这几个字，就好像数学里，0 代表无，1 代表有。它包含了换位思考，站在孩子的角度看待问题；包含了要多观察孩子，进而才能理解孩子；包含了要用心去体会和感受……如果我们不能真正地理解孩子，那么用再多的方法，得到的结果也可能是零或者负数。当我们真正理解了孩子，我们就能演化出属于自己的无穷招数，收获的是亲密愉悦的关系，是相互的滋养，这些都是 1 后面的无数个零……

——叶子

陈老师首先重点讲了育儿的地基，接下来进入房子的框架主体部分，讲了如何创建有利于孩子发展的环境以及如何打造孩子的成长内核。后面的所有内容，都依赖于前面的基础是否扎实。如果父母带着自身成长过程中的一些遗憾或者问题，把它转移到育儿过程中，很可能会给孩子造成伤害。不过人无完人，养育孩子原本就是相互滋养的过程。我们要做真实的父母，诚实地面对自己，接纳自己的不完美，尽量修正自身的一些问题，这样才能让孩子接纳不完美的自己。理顺了自己，理顺了家庭，养孩子自然就顺了。

——amore

很多人平时读育儿文章，只看到别人树枝上的果子又大又红，就拿过来装在自己的枝上，却发现根本没用。而陈老师给我们讲了为什么，只要顺着枝往下看，就可以看到树干，看到根，看到一整棵树，这样才能明白问题在哪里，才知道不是单改变一个枝就可以。

——carol chen

刚开始，我也和很多妈妈一样，希望在陈老师这里找到解决问题的金钥匙。现在我才知道，其实那把金钥匙一直都握在自己手里。学完之后，我不再对育儿的问题那么焦虑了，谢谢陈老师为我在育儿方面打开了一扇门！

——瑜古儿

刚学习的时候，老师不给具体的招式，让我很是困惑：我到底应该怎么做？育儿到底是怎么样的？以前学习其他育儿书，都是为了解决孩子的行为问题，希望自己的孩子是正常的、没有问题的孩子。学完陈老师的课，我发现育儿的重点应该是帮助孩子建构成长的内核，给孩子一个温暖的环境，享受和孩子的亲子时光。陈老师说，看不见的东西才是最重要的，但父母往往只重视那些看得见的东西，比如成绩。育儿就是育己，这门课改变了我的三观。

——桂山1号客栈金兰

之前，我总是纠结于各种育儿之“术”，根本不知道“道”的重要性。看到别人做得好，就拿来套在自己孩子身上，不仅伤害了孩子的自信，也伤害了亲子关系。现在发现，育儿最关键的，还是要从打好地基做起！

——敖婷

养育孩子的根本，是父母自我改变的过程，让我们放慢脚步去看待生命的成长变化。人生是一条长路，而一个孩子的成长，是一棵树苗长成参天大树的过程，每个孩子都有自己的成长节奏。所以，父母不要纠结于孩子短期内的一两件事，或者现在看似“弱”的方面，只要把握好大方向就好。

——Si Si

一直希望能够给孩子最好的成长，让他们拥有温暖的爱、健全的人格和幸福的人生。因此，我就像寻找救命稻草一样，买了一本又一本育儿书，希望能够从中找到“药方”。然而直到走入陈老师这门课，我才知道，自己以前完全是毫无章法地乱撞。陈老师在开篇就说，“看孩子不能只看一个枝丫，而要看到孩子成长的整棵大树”。

——清落

陈老师与我们的关系，就好比心理治疗师与来访者的关系。我们就是那些带着各种问题来的来访者，希望陈老师可以告诉我们各种问题的 123 答案。而陈老师并没有直接告诉我们 123 的解决方法，而是告诉我们孩子的发展是怎样一个过程，会遇到怎样的问题，父母在其中又充当着怎样的角色，提供怎样的帮助会比较合适。

——提拉米苏

参考文献

- 陈忻, 2016. 养育的选择[M]. 北京: 中信出版社.
- 佩里, 塞拉维茨, 2015. 登天之梯: 一个儿童心理咨询师的诊疗笔记[M]. 曾早垒, 译. 重庆: 重庆大学出版社.
- Achor S, 2018. The happiness advantage: how a positive brain fuels success in work and life[M]. New York: Currency.
- Bell S M, Ainsworth M D S, 1972. Infant crying and maternal responsiveness[J]. Child Development, 43: 1171–1190.
- Berk L, 2012. Infants and children: prenatal through middle childhood[M]. New York: Allyn & Bacon.
- Chen X, Green J, Gustafson G, 2009. Development of vocal protests from 3 to 18 months[J]. Infancy: 44–59.
- Ciccarelli S, White N, 2016. Psychology[M]. London: Pearson.
- Doucleff M, 2018. A lost secret: how to get kids to pay attention[EB/OL]. https://www.npr.org/sections/goatsandsoda/2018/06/21/621752789/

a–lost–secret–how–to–get–kids–to–pay–attention

- Dweck C, 2007. Mindset: the new psychology of success[M].New York: Ballantine Books.

- Faber A, Mazlish E, 2004. Liberated parents, liberated children: your cuide to a happier family[M]. New York: William Morrow Paperbacks.

- Gopnik A, 2010. The philosophical baby: what children□s minds tell us about truth, love, and the meaning of life[M]. London: Picador.

- Gopnik A, 2011. What do babies think: TED talk. http://www.ted.com/talks/alison–gopnik_what_do_babyes_think

- Gottman J, Declaire J, 1998. The heart of parenting: raising an emotionally intelligent child[M]. New York: Simom & Schuster.

- McGonigal K, 2013. How to make stress your friend: Ted Talk. http://www.ted.com/talks/kelly–mcgonigal_how_to_make_stress_your_friend

- Ricci M, 2013. Mindsets in the classroom: building a growth mindset learning community[M]. Texas: Prufrock Press.

- Santrock J, 2015. Adolencence[M].New York: McGraw–Hill Education.

- Seligman M, 2006. Learned optimism: how to change your mind and your Life[M].New York: Vintage.

- Stamm J, 2008. Bright from the start: the simple, science–backed way to nurture your child's developing mind from birth to age 3[M].New York: Avery.

- Taylor J, 2003. Positive pushing: how to raise a successful and happy child[M].New York: Hachette Books.